Licht-, Elektrizitäts- und X-Strahlen.

Beitrag zur Erklärung der Aetherwellen.

Von

RUDOLF MEWES

Physiker und Ingenieur.

Zweite, bedeutend erweiterte Ausgabe.

BERLIN. 1899.

Fischers technologischer Verlag, **M. Krayn.**

W., Steglitzer Strasse 86.

VOGEL'S BUCHDRUCKEREI, BERLIN N W SPENERSTR. 4

Inhaltsverzeichniss.

Seite

Vorwort zur ersten Ausgabe

Vorwort zur zweiten Ausgabe

Kritik der Maxwellschen Theorie 5

Theorie der elektrischen Schwingungen 11

Dispersion der Elektricität. — Sellmeyers Absorptionstheorie. — Ableitung der Maxwellschen Grundgleichungen. Ableitung des räumlichen Wirkungsgesetzes der statischen Elektrizität. — Ableitung des elektrodynamischen Wirkungsgesetzes aus dem Dopplerschen Princip.

Versuche über die Kraftwirkung der statischen Aetherstrahlen 25

Harttoecker, Homberg, Mairan, du Fay, Neesen, Crookes, Pringsheim, v. Obermayer, Tesla, Röntgen.

Brechung und Fortpflanzungsgeschwindigkeit . . . 43

Beziehung des Exstinktionskoeffizienten zur brechenden Kraft 47

Prüfung der theoretischen Schlussfolgerungen . . 39

Weiterer Ausbau der Theorie 53

Schwingungstheorie der Gase 59

Specifische Wärmen, Molekulargeschwindigkeiten, Wirkungssphäre und Anzahl der Atome, Wärmeleitung, Reibung.

Röntgenstrahlenversuche im Lichte der Schwingungstheorie 78

Begriff und Bedeutung der brechenden Kraft. Versuche über die Durchlässigkeit der Stoffe für die Röntgenstrahlen. Beobachtung über die Wellenlänge der Röntgenstrahlen. Das Absorptionsgesetz der Röntgenstrahlen.

Das Gesetz der Absorptionsäquivalente 90

Die Verbindungs-, Verdampfungs- und Schmelzwärme nach der Vibrationstheorie 107

Das Ohm'sche Gesetz nach der Vibrationstheorie 122

Anhang 129

Vorwort zur ersten Ausgabe.

Das gerechte Aufsehen, welches die Entdeckung der X-Strahlen durch Herrn Professor Röntgen-Würzburg in der ganzen wissenschaftlichen Welt erregt hat, dürfte nunmehr, nachdem sich die Wogen der ersten Begeisterung gelegt haben, die besonnene wissenschaftliche Betrachtung, welche die Röntgensche Abhandlung selbst kennzeichnet, auch in weiteren Kreisen zu ihrem Rechte gelangen und eine Prüfung dieser eigenartigen Vorgänge vom Standpunkte der Wellentheorie aus gerechtfertigt erscheinen lassen. Da die Versuche, welche von Röntgen mit den X-Strahlen angestellt worden sind, es als zweifellos erscheinen lassen, dass dieselben Aetherschwingungen besonderer Art sind, so habe ich im letzten Teile des Buches im Anschlusse an frühere Arbeiten, in welchen ich den Nachweis geführt habe, dass die Sellmeiersche Absorptionstheorie des Lichtes auch die Gesetze der elektrischen Aetherschwingungen zu erklären erlaubt, den Versuch unternommen, zu untersuchen, ob diese so einfache Theorie auch die Beobachtungen Röntgens mit den X-Strahlen zu erklären gestattet. Dieser Versuch ist, soweit die bis jetzt vorhandenen Messungen ein Urteil erlauben, als geglückt zu betrachten. Sobald reichlicheres Beobachtungsmaterial vorhanden ist, werde ich auf dem betretenen Wege weiter gehen. Ich erwähne noch, dass die einzelnen Abschnitte des Buches zu verschiedenen Zeiten und in verschiedenen Zeitschriften, wie in der „Deutschen Zeitschrift für Elektrotechnik“ u. a., getrennt voneinander veröffentlicht worden sind. — Ich bemerke ferner, dass Leser, welche keine Fachmathematiker sind, die Seiten 12 bis 15 ohne Störung des Zusammenhangs überschlagen können.

Der Verfasser.

Vorwort zur zweiten Ausgabe.

Die Bemerkungen, welche ich in dem vorstehenden Vorwort der ersten Auflage im Jahre 1896 vorausschickte, sind noch heute zutreffend und im Laufe der beiden vergangenen Jahre durch weitere Versuche und theoretische Arbeiten bestätigt worden. In dieser Zeit ist die Litteratur über die Röntgenstrahlen so angeschwollen, dass ein einigermassen erschöpfender Ueberblick über das Gesammtgebiet dieses neu entstandenen Zweiges der physikalischen Forschung in dem engen Rahmen der vorliegenden Abhandlung nicht gegeben werden kann, zumal Zweck und Aufgabe dieser Schrift nur darin bestehen soll, das Wesen der Röntgenstrahlen theoretisch zu erklären, den Zusammenhang derselben mit den bekannten Aetherschwingungen des Lichtes, der Wärme und der Elektrizität aufzudecken und die Schlussfolgerungen der Theorie an der Hand der einschlägigen Beobachtungen zu prüfen. Infolge dessen müssen von vornherein von der Betrachtung alle diejenigen Arbeiten ausgeschlossen werden, welche sich nur auf die Technik und auf die Anwendung von Röntgenstrahlen für ärztliche Untersuchungen erstrecken. Wenn nun auch dies Gebiet in der Röntgenstrahlen-Litteratur den bei weitem grössten Umfang besitzt und durch Ausschliessung dieser Arbeiten der Stoff erheblich beschränkt wird, so sind dennoch, was bei der Eigenartigkeit und Neuheit der mit den Röntgenstrahlen erzielten Wirkungen nicht wunderbar erscheinen kann, gerade von den hervorragendsten Physikern der Gegenwart zum Theil stark von einander abweichende theoretische Erklärungsversuche der diesbezüglichen Erscheinungen aufgestellt und in zahlreichen und scharfsinnigen Abhandlungen veröffentlicht worden. Wenn auch diese Arbeiten in den wissenschaftlichen Zeitschriften zerstreut und daher schwer zugänglich sind und eine Zusammenstellung und Kritik derselben von dem Standpunkte aus, welchen ich in der ersten Ausgabe dieser Schrift vertreten habe, zur Klärung der schwebenden Fragen beitragen und eine gedeihliche Fortführung der theoretischen Anschauungen anbahnen könnte, so habe ich gleichwohl darauf verzichtet, einen solchen sichtenden Ueberblick über die das Wesen der Röntgenstrahlen kennzeichnenden Versuche und über die bisher zu ihrer Erklärung aufgestellten Theorien zu geben, sondern mich nur darauf beschränkt, beiläufig an passenden Stellen in der Entwickelung auf die einschlägige Litteratur hinzuweisen, und, dem Ziel dieser Schrift entsprechend, in erster Linie die von mir vertretene Theorie weiter auszubauen und den Nachweis zu führen gesucht, dass die Röntgenstrahlen ihrem Wesen nach mit den Licht- und Elektrizitätsstrahlen übereinstimmen und nach denselben allumfassenden Grundgesetzen wie diese wirken.

Rudolf Mewes.

Kritik der Maxwellschen Theorie.

Die Natur, in der wir leben und weben, von einem einheitlichen, allumfassenden Gesichtspunkte aus zu begreifen, die in diesem grossen Mechanismus wirksamen Kräfte und die Gesetze, denen sie gehorchen, zu entdecken und sie dadurch dem Allgemeinwohl dienstbar zu machen, das ist, wie Göthe und Tesla treffend betonen, der höchste Genuss des Menschengeistes; denn gerade die Kenntnis und Ausnutzung der Naturkräfte bedingt in erster Linie die geistige und politische Überlegenheit der modernen Kulturvölker gegenüber den Naturvölkern.

Eine unendliche Menge von Kraft durchströmt in Wellenform mit Blitzesschnelle das Weltall, von einem Stern zum andern in ewigem Wechsel kreisend. Der ewige Träger und Vermittler dieser unendlichen Energie ist der Äther, ein äusserst dünnes und elastisches Medium. Die Kenntnis des Äthers und seiner Gesetze, das glänzendste Resultat der modernen Wissenschaft — ich erinnere hier nur an die epochemachenden Arbeiten von H. Hertz über die elektrischen Wellen, an die Hittdorfs und Crookes Leistungen noch überstrahlenden Untersuchungen von Nikola Tesla über die Wirkungen hochgespannter Wechselströme von sehr grosser Wechselzahl, besonders aber an die kürzlich von Röntgen entdeckten X-Strahlen — haben die Kenntnisse des Menschen über die Kräfte der Natur und deren Zusammenhang ausserordentlich erweitert und für die Vorgänge, welche bisher unverständlich waren und nur in einem zufälligen Zusammenhang miteinander zu stehen schienen, einfache und lichtvolle Erklärungen gebracht.

Zu einem so glänzenden Resultat hat jedoch die moderne Naturforschung nur dadurch gelangen können, dass die alte Huyghenssche Vibrationstheorie des Lichtes nach und nach auch auf das Gebiet der Wärme und in den letzten fünf Jahren im Anschluss an die Experimente von Hertz ebenfalls auf die Elektricität übertragen wurde. Sieht man von den soeben erwähnten experimentellen Arbeiten ab, so tragen die diesbezüglichen Spekulationen den Charakter hoher mathematisch-analytischer Deduktionen, welche an die mathematische Schulung des Lesers nicht geringe Anforderungen stellen. Es kann ja nicht bestritten werden, dass dadurch der Zusammenhang der Elektricität mit den Sondergebieten der Wärme und des Lichtes für einen beschränkten Leserkreis formelmässig nachgewiesen worden ist; ebenso sicher aber steht fest, dass ein grosser Kreis der Techniker und Physiker derartigen rein-mathematischen Wendungen nicht zu folgen vermag und daher von diesen Ergebnissen unberührt geblieben ist.

Die Maxwellsche Theorie der Elektricität und des Lichtes, welche besonders durch die bekannten experimentellen und theoretischen Arbeiten des verstorbenen Bonner Professors Hertz in Deutschland an Bedeutung und Beachtung gewonnen hat, verdient eine solche Würdigung allerdings, wenn man von der sicheren mechanischen Begründung der Maxwellschen Grundgleichungen absieht und sein Augenmerk darauf richtet, dass die grösste Zahl der Erscheinungen in dem behandelten Gebiete sich aus denselben ableiten, respektive durch dieselben analytisch darstellen lässt. In der That ist es bis jetzt weder Maxwell noch irgend einem anderen Forscher gelungen, eine vollständig befriedigende mechanische Ableitung der Grundgleichungen des englischen Forschers zu geben; selbst Hertz musste sich zunächst damit begnügen, diese Grundgleichungen einfach hinzuschreiben, und bemerkt dazu nur, dass ihre beste Begründung darin besteht, dass daraus sämtliche Phänomene in richtiger Weise folgen. Auch diese Methode hat einen gewissen Vorzug; denn man hält sich dann jedenfalls von jeder Hypothese frei, muss dafür aber auch auf den Anspruch einer mechanischen Vertiefung der Faraday-Maxwellschen Anschauung verzichten. Dies hat Hertz, dessen hohes Verdienst hierdurch selbstverständlich keineswegs in Abrede gestellt werden soll, wohl selbst gefühlt, wie aus seiner nachgelassenen Mechanik, in der er jenem Mangel abzuhelfen sucht, deutlich hervorgeht. Dass Hertz darin das gewünschte Ziel nicht erreicht hat, kennzeichnete von Helmholtz mit dem Ausspruch, dass das posthume Werk für die mechanische Begründung und Vertiefung der elektromagnetischen Lichttheorie in der Zukunft bedeutenden heuristischen Wert haben werde.

Indessen dürfte das Ziel auf dem bisher befolgten Wege schwerlich erreicht werden, da nach der Maxwellschen Grundanschauung die Zug- und Druckspannungen, welche von der elektromotorischen Kraft erzeugt und durch welche die Polarisation und sonstigen elektrischen Vorgänge erklärt werden, noch einen transcendentalen Kern in sich bergen und zum sicheren mechanischen Verständnis noch der Zurückführung auf die Wirkung der Molekularkräfte und der Ätherschwingungen bedürfen. Freilich sah Maxwell vorahnenden Geistes die Lösung dieser Aufgabe voraus; denn Maxwell schreibt Bd. I. S. 163 in der Übersetzung von Dr. Weinstein: „Der nächste Schritt, den wir zu machen hätten, müsste uns erklären, wie dieser Zwang durch die Einwirkung der einzelnen Partikel des Mediums aufeinander zu stande kommt. Er scheint mir deshalb von grosser Wichtigkeit zu sein, weil er Erscheinungen, die man früher nur durch die Annahme der Existenz einer Wirkung in die Ferne hat erklären können, auf das Spiel molekularer Kraft reducieren würde.

Ich bin aber nicht im stande gewesen, diesen zweiten Schritt zu machen und mit den Principien der Mechanik jenen Zwangszustand eines Mediums aus Molekularkräften abzuleiten. Ich werde daher die Theorie auf diesem Punkte noch stehen lassen und mich zu den anderen Erscheinungen, die in einem Dielektricum während der Induktion zu Tage treten, wenden."

Hieraus erklärt sich auch, dass die Vorstellungen, welche Maxwell sich über den mechanischen Vorgang bei elektrischen Wirkungen innerhalb und ausserhalb der Körper bildete, zum Teil dunkel oder wenigstens nicht der wahren Sachlage entsprechend ausgefallen sind. Mit der dem Engländer angeborenen Reserve erklärte er daher die Mechanismen, welche er zur Verdeutlichung des mechanischen Vorgangs der wirksamen Elektricität ersonnen hatte, nur als reine Bilder, bei denen man sich nichts weiter zu denken habe. In der That dürfte auch die mechanische Vorstellung über die Wirksamkeit des elektrischen Stromes in der Boltzmannschen Darstellung, welche ich hier wörtlich folgen lasse, nicht vollständige Klarheit und Befriedigung gewähren. Boltzmann sagt in seinen „Vorlesungen über Maxwells Theorie der Elektricität und des Lichtes" II. Teil S. 152: „Nach unserer mechanischen Vorstellung verhält sich also die Elektricität keineswegs wie eine Flüssigkeit, die durch ihren eigenen Druck im Drahte fortgetrieben wird, womit ja besonders die

Ansammlung auf Flächen bis zur unendlichen Dichte unvereinbar ist. Sie verhält sich ja auch nach der alten Theorie nicht so, da sie nach letzterer nicht durch ihre inneren Druckkräfte, sondern durch die Fernwirkung der freien Elektricität auf die Oberfläche des Drahtes getrieben wird. Nach unserer mechanischen Vorstellung dagegen wird die treibende Kraft sogar ausschliesslich durch das umgebende Dielektricum vermittelt. Die elektromotorischen Kräfte versetzen zunächst nur die Wirbel im Innern desjenigen Teiles des Drahtes, der innerhalb der kritischen Schicht liegt, in Rotation. Durch die Vermittelung der Friktionsröllchen werden sodann die Wirbel in der Luft an den dem Drahte benachbarten Stellen, dann auch die in der übrigen Luftmasse in Bewegung gesetzt. Diese erst greifen durch die Friktionsröllchen in diejenigen Wirbel ein, welche sich im Innern des Drahtes ausserhalb der kritischen Schicht befinden, und versetzen sie in Rotation, treiben daher den elektrischen Strom. Vermöge des Ineinandergreifens des ganzen Mechanismus kann der Zustand nur stationär werden, wenn die negative Rotationsgeschwindigkeit innerhalb der kritischen Schicht zu der positiven ausserhalb derselben in einem ganz bestimmten Verhältnisse steht, das vom Verhältnisse der Widerstände ausserhalb und innerhalb der kritischen Schicht abhängt.“ Diese Probe dürfte erkennen lassen, dass das dem Vorworte vorgesetzte Motto:

„War es ein Gott, der diese Zeichen schrieb,
Die mit geheimnisvoll verborg'nem Trieb
Die Kräfte der Natur um mich enthüllen
Und mir das Herz mit stiller Freude füllen,“

mehr für die Tragweite der analytischen Grundformeln als für deren innere Begründung durch die Principien der Mechanik Geltung hat. Der Meister in seiner ungeschminkten Offenherzigkeit dachte daher erheblich richtiger als sein Schüler und zwar mit Recht; denn noch fehlt viel, dass die Faraday-Maxwellsche Theorie mechanisch sicher begründet ist und die geheimnisvollen Kräfte der Natur zu deuten und zu enthüllen vermag.

Sieht man ab von den bekannten und wirklich vorzüglichen Experimenten, welche Professor Hertz in Bonn angestellt hat, so muss man zugestehen, dass die Maxwellsche Theorie in Deutschland fast nur analytische Bearbeitungen erfahren hat, während die englischen Forscher, wie Lord Kelvin und andere, den Bahnen ihres Meisters folgen und die mechanischen Vorstellungen über den innern Wirkungsvorgang bei den elektrischen Erscheinungen zu klären und mit Hilfe der Principien der Mechanik zu begründen suchen. In der That beruht heute der Schwerpunkt der elektrischen Forschung nicht mehr auf der rein analytischen Behandlung der elektrischen Vorgänge und Ausbauung der mathematischen Elektricitätslehre, sondern auf der Ausmerzung der mechanisch unbegreiflichen Vorstellung der Fernwirkung und auf der Erklärung der elektrischen Erscheinungen durch Übertragung vermittelst eines Mediums nach mechanischen Principien. Diese heute mehr denn je giltige Ansicht sprach Maxwell schon in der Vorrede zum ersten Bande seines Werkes am 1. Februar 1873 mit den Worten aus, dass die deutschen Gelehrten vorwiegend sich damit begnügt hätten, die experimentell festgestellte Fernwirkung als solche anzunehmen und mit derselben zu rechnen, ohne über das Mittel nachzusinnen, welches die Fernwirkung von einem Körper zum andern hinüberleitete; Faraday dagegen habe als der erste den Äther als das verbindende Medium erkannt und in seinem geistigen Auge überall da Kraftlinien den Raum durchdringen gesehen, wo die Mathematiker in der Ferne wirkende Kraftcentren annahmen, während dort, wo diese nur die Abstände zwischen den Kraftcentren ins Auge fassten, für jenen ein Zwischenmedium vorhanden war.

Im Anschluss an diesen Ausspruch Maxwells bemerkt Professor M. Möller-Braunschweig in dem über die neueren Elektricitätstheorieen orientierenden Aufsatze „Über ruhende und strömende Energie, insbesondere über Elektricität und Magnetismus“, Neuzeit I. Jahrgang 1892 S. 657:

„Es ist nun Maxwells Verdienst, die Anschauungen Faradays mathematisch zergliedert und alle Folgerungen in ein mathematisches Gewand gekleidet zu haben, derart, dass sich die elektrischen und magnetischen Wirkungen rechnerisch verfolgen lassen.

Von der Thatsache, dass Fernwirkungen gegebener gesetzmässiger Grösse von Körper zu Körper statthaben und von der Hypothese ausgehend, dass diese Kräfte durch ein Medium, das Dielektricum genannt, übertragen werden, berechnet Maxwell, auf Faradays Ausführungen gestützt, die Kraftwirkungen, welche an irgend einem Punkte im Dielektricum, d. h. im Raum ausserhalb elektrisch erregter Körper auftreten.“

Thatsächlich hat Maxwell nichts mehr und nichts weniger gethan, als dass er Faradays Ideen in analytische Formeln einkleidete; er geriet also in denselben Fehler, den er den deutschen Gelehrten zum Vorwurf machte, da er eingestandenermassen die mechanische Begründung seiner Formeln nicht zu geben vermochte. Den inneren Grund, warum Maxwell und seine Anhänger bis heute nicht zum Ziel gelangt sind, erkennt Möller mit Scharfblick in dem Umstande, dass ihr Denken zu sehr an den molekularen Bewegungen haftet und nicht berücksichtigt, dass auch im Vacuum wichtige ätherische Vorgänge auftreten.

Es ist übrigens zu verwundern, dass die deutschen Gelehrten nicht schon längst auch für die Elektricität und den Magnetismus die von England her überkommene absurde Idee der unvermittelten Fernwirkung über Bord geworfen und die in mechanischer Hinsicht nicht sehr feine Faraday-Maxwellsche Anschauung nach dem grossen Vorbilde, das Huyghens in seiner kleinen und doch so genialen Schrift „Ursache der Schwere" (In deutscher Übersetzung im Verlag von Albert Friedländers Druckerei, Berlin) für die Massenanziehung gegeben hat, durch die Vibrationstheorie ersetzt, also statt die optischen Erscheinungen durch die elektrischen, umgekehrt diese durch jene erklärt haben. Den ersten und wichtigsten Schritt in dieser Richtung bildeten die berühmten Experimente von Professor Hertz in Bonn; gleichzeitig habe ich diese Aufgabe mit Hülfe der Sellmeier-Helmholtzschen Dispersionstheorie zu lösen gesucht, indem ich an den vorhandenen Beobachtungen nachwies, dass diese Theorie die wichtigsten Erscheinungen in einfacher Weise zu erklären vermag. Die Berechtigung, die Dispersionstheorie auch auf die elektrischen Vorgänge übertragen zu dürfen, hat H. von Helmholtz in seiner letzten Abhandlung „Elektromagnetische Theorie der Farbenzerstreuung" in Wiedemanns Annalen, Neue Folge 48, Seite 389—406, durch die Ableitung der Grundgleichungen seiner Dispersionstheorie speciell für die elektrischen Strahlen nachgewiesen. Helmholtz hat bei der Lösung dieser Aufgabe, vielleicht mit gutem Grunde, die Maxwellschen Grundgleichungen nicht berücksichtigt und begründet dies auf Seite 392 a. a. O. folgendermassen: „Ich habe es vorgezogen, statt von den Maxwellschen Gleichungen auszugehen, die neu hinzukommenden Einflüsse in die von mir für die Elektrodynamik entwickelte Form des Princips der kleinsten Wirkung aufzunehmen, weil man dadurch vor dem Übersehen einzelner notwendig vorhandener Gegenwirkungen in dem hier schon ziemlich verwickelten Spiel der Kräfte geschützt, und dadurch die Anzahl der unabhängigen Hypothesen von zweifelhafter Richtigkeit wesentlich vermindert wird.“

Wegen der Bedeutung, welche die Maxwellschen Gleichungen in der Elektricitätslehre einnehmen, will ich daher die mechanische Begründung derselben im Anschluss an die elektrische Wellentheorie unten folgen lassen.

Theorie der elektrischen Schwingungen.

Ich gehe von der Voraussetzung aus, dass die elektrischen Vorgänge ohne Ausnahme auf die Emission oder Absorption gewisser Ätherschwingungen zurückführbar sind. Um ein sicheres Fundament für die mathematische Formulierung zu erhalten und die Gleichartigkeit der elektrischen Vorgänge mit den thermischen und optischen Erscheinungen darzuthun, hat man zu beachten, dass auch für die strahlende Elektricität das Kirchhoffsche Gesetz von der Gleichheit des Emissions- und Absorptionsvermögens besteht und demnach die Gesetze, nach welchen absorbierte Licht- und Wärmewellen mit der Zeit wieder ausgestrahlt werden, mit dem sogenannten Dispersionsgesetz der statischen Elektricität übereinstimmen, d. h. mit dem Gesetze, nach welchem ein mit Elektricität geladener Körper mit der Zeit seinen elektrischen Zustand verändert, wenn man ihn nach der Ladung sich selbst überlässt. Der experimentelle Nachweis für die Richtigkeit dieser Behauptung ergiebt sich aus den Beobachtungen über die Emmission der Elektricität der mit Elektricität geladenen Körper, wenn dieselben sich in Luft oder anderen Gasen befinden. Denn ebenso wie die Temperatur des erwärmten Körpers in einer geometrischen Progression sinkt, wenn die Zeiten in arithmetischer Progression wachsen, ebenso nehmen auch die Elektricitätsmengen in einer geometrischen Reihe ab, wenn die Zeiten in arithmetischer Reihe zunehmen. Ferner beweist die Beobachtung, dass in beiden Fällen die Abnahme der Wellenbewegung von der Masse der Körper und von der Grösse ihrer Oberfläche und in gewissen Grenzen auch von der Intensität der zugeführten Wellenmenge unabhängig ist, also die Emission der Wärme und die Zerstreuung der Elektricität einander wesensgleich sind. Dasselbe gilt auch für die Ausstrahlung der absorbierten Lichtstrahlen, d. h. für die Schwächung der durch Belichtung erzeugten Phosphorescenz mit der Zeit. Thatsächlich stimmen die drei diese

Vorgänge darstellenden Formeln, welche bezüglich von Dulong, Coulomb und Becquerel experimentell bewiesen sind, vollständig mit einander überein, denn die Formel für die Erkaltung eines erwärmten Körpers lautet:

$$t = t_0 \, e^{-p' x},$$

diejenige für die Zerstreuung der Elektricität

$$Q = Q_0 \, e^{-p x}$$

und diejenige für die Emission des Phosphorescenzlichtes

$$i = i_0 \, e^{-a x}.$$

In diesen Formeln bedeutet t_0 die Anfangstemperatur, Q_0 die ursprüngliche Elektricitätsmenge, i_0 die anfängliche Intensität des Lichtes, während t, Q und i die Temperatur, bezüglich die Elektricitäts- und Lichtmenge zur Zeit x und p', p und a Konstanten sind.

Aus der Übereinstimmung dieser Formeln schloss ich auf die vollständige Gleichartigkeit der Absorption für Licht-, Wärme- und Elektricitätsstrahlen und suchte dies auf Grund der Sellmeier-Helmholtzschen Dispersionstheorie nachzuweisen, die ursprünglich nur für das Licht aufgestellt und erst später auf die Wärme ausgedehnt wurde und nach „Kraft und Masse" (Teil I und II) auch für die elektrischen Schwingungen gilt.

Es wird daher ganz in derselben Weise, wie dies in der Sellmeier-Helmholtzschen Absorptionstheorie des Lichtes und der Wärme geschehen ist, die Annahme gemacht, dass die Schwingungen der Ätherteilchen die Schwingungen der Körpermoleküle beeinflussen können, dass die letzteren mit den ersteren isochron hin und her schwingen und zwar in einer Amplitude, welche derjenigen der Ätherschwingungen proportional ist. Nimmt man nun ferner an, dass ein Ätheratom mit der Amplitude a_0 nach dem Kraftgesetz

$$(1) \qquad \frac{d^2 \xi}{d t^2} = - k \xi$$

hin und her schwingt, so wird die Verschiebung des Ätheratoms ξ_0 durch die Gleichung

$$(2) \qquad \xi_0 = a_0 \sin \frac{2 \pi (t + \alpha)}{\tau}$$

dargestellt, worin τ die Schwingungsdauer des Gleichgewichtsortes des Äthers, t die Zeit und α eine die Phase bestimmende Constante ist. Differentiiert man die Gleichung (2) zweimal nach t, so erhält man

$\frac{d^2 \xi_0}{d t^2} = -a_0 \sin \frac{2\pi(t+\alpha}{\tau} \cdot \frac{4\pi^2}{\tau^2}$, und wenn man aus (2) für

$a_0 \sin \frac{2\pi(t+\alpha)}{\tau}$ den Wert ξ_0 einsetzt, so erhält durch

Identifizierung des Resultates mit der Gleichung (1), dass

$k = \frac{4\pi^2}{\tau^2}$ ist. Aus den Gleichungen (1) und (2) findet man

im Nachstehenden in einfacher Entwicklung die Gleichung (11), nämlich die absorbierte Wellenmenge

$$W = (n^2 - 1) \frac{2\pi^2}{\pi^2} \cdot m' (a')^2,$$

welche in der elektrischen Wellenlehre von grundlegender Bedeutung ist. Da nun sowohl für die Schwingungen der Körpermoleküle als auch für diejenigen der Ätheratome das Huyghensche Unabhängigkeitsprincip oder das sogenannte Princip der Coexistenz kleiner Bewegungen gilt, so kann man die Coordinaten-Achsen mit den Schwingungsachsen eines Körperteilchens zusammenfallen lassen und die auf dasselbe wirkenden beschleunigenden Kräfte unter der Annahme, dass das obige Kraftgesetz (1) auch für die schwingende Bewegung der Körpermoleküle statthat, durch die folgenden Gleichungen ausdrücken:

$$X = -\frac{4\pi^2}{\mathfrak{G}^2}(\xi - \xi_0),$$

$$(3) \qquad Y = -\frac{4\pi^2}{\mathfrak{G}'^2}(\eta - \eta_0),$$

$$Z = -\frac{4\pi^2}{\mathfrak{G}''^2}(\zeta - \zeta_0),$$

wo ξ, η, ζ die Verschiebungen des Körperteilchens, ξ_0, η_0, ζ_0 diejenigen seines momentanen Gleichgewichtsortes und $\mathfrak{G}, \mathfrak{G}', \mathfrak{G}''$ seine eigentümlichen Schwingungsdauern bedeuten. Die Gleichungen (3) sind dieselben wie in (1), nur dass für die Constante k der bezügliche Wert $\frac{4\pi^2}{\mathfrak{G}^2}$ etc. eingesetzt ist.

Ich beschränke mich auf die Betrachtung der Bewegung in der Richtung der x, da dieselbe von den ähnlichen Bewegungen in den Richtungen der y und z unabhängig ist.

Da nach (2) $\xi_0 = a_0 \sin \dfrac{2\pi(t+\alpha)}{\tau}$ ist, so erhält man, wenn man in die erste der Gleichungen (3) diesen Wert einsetzt und $\dfrac{d^2\xi}{dt^2}$ für X schreibt, die Differentialgleichung

$$\text{(4)} \qquad \frac{d^2\xi}{dt^2} = -\frac{4\pi^2}{\mathfrak{T}^2}\left(\xi - a_0 \sin 2\pi \frac{t+\alpha}{\tau}\right).$$

Derselben entspricht das Integral

$$\text{(5)} \qquad \xi = \frac{\tau^2}{\tau^2 - \mathfrak{T}^2} a_0 \sin 2\pi \frac{t+\alpha}{\tau} + b \sin 2\pi \frac{t+\beta}{\mathfrak{T}},$$

für den Sonderfall $\tau = \mathfrak{T}$ dagegen das Integral

$$\text{(6)} \qquad \xi = -\pi \frac{t}{\mathfrak{T}} a_0 \cos 2\pi \frac{t+\alpha}{\mathfrak{T}} + b \sin 2\pi \frac{t+\beta}{\mathfrak{T}}.$$

Es bedeutet hierin ξ die Verschiebung des Körperteilchens und $\mathfrak{T}$ die eigentümliche Schwingungsdauer des Körperteilchens, während b und β die beiden willkürlichen Constanten sind. Rechnet man nun die Zeit von dem Punkte ab, wo das bewegte Körperteilchen durch seine Gleichgewichtslage geht, so erhält man aus den Gleichungen (5) und (6) die Gleichungen

$$\text{(7)} \qquad \xi = \frac{\tau^2}{\tau^2 - \mathfrak{T}^2} a_0 \sin 4\pi \frac{t}{\mathfrak{T}},$$

$$\text{(8)} \qquad \xi = -\pi \frac{t}{\mathfrak{T}} a_0 \cos 2\pi \frac{t}{\mathfrak{T}} = \pi \frac{t}{\mathfrak{T}} a_0 \sin 2\pi \frac{t - \frac{1}{4}\mathfrak{T}}{\mathfrak{T}}.$$

In ausführlicher, aber ganz elementarer Form sind diese Gleichungen in Wüllners Experimental-Physik, Bd. I. §§ 113—118, abgeleitet.

Wollen wir nun diese Gleichungen zur Bestimmung der Grösse der lebendigen Kraft benutzen, welche von den Ätherschwingungen auf die Körpermoleküle bei dem Durchgange durch ein bestimmtes Medium übergehen, so erhalten wir aus Gleichung (1) für die Arbeit, welche geleistet werden muss, um das Ätherteilchen aus der Entfernung ξ in $\xi + d\xi$ zu bringen, den Wert $k\,m\,\xi\,d\,\xi$, wenn m die bewegte Masse bedeutet, also für die Arbeit, welche im freien Äther das Ätherteilchen bis zur Amplitude a zu entfernen vermag, den Wert

$$\int_0^a k\,m\,\xi\,d\,\xi = {}^1/_2\,k\,m\,a^2,$$

während bei der Fortpflanzung der Ätherschwingungen in körperlichen Medien eine gewisse Arbeit L geleistet werden muss, um deren Betrag dann die lebendige Kraft beim Durchgange durch die Gleichgewichtslage kleiner ist. Diesen Betrag bestimmt man nach Sellmeier folgendermassen:

Wenn sich im Innern des Körpers der Äther in einer schwingenden Bewegung befindet, deren Wellenlänge l und deren Fortpflanzungs-Geschwindigkeit c ist, so ist die Schwingungsdauer $\tau = \frac{l}{c}$. Im freien Äther ist dann, wenn n der Berechnungsexponent des Mediums ist, die Fortpflanzungs-Geschwindigkeit bekanntlich n c, also die Schwingungsdauer bei gleicher Wellenlänge $\tau' = \frac{l}{nc} = \frac{\tau}{n}$, so dass die Arbeit, welche nun im freien Äther geleistet werden muss, um in dieser Welle das Ätherteilchen bis zur Amplitude a' zu entfernen, in derselben Weise wie vorher gleich

$${}^1/_2\,k\,m\,(a')^2 = {}^1/_2\,\frac{4\,\pi^2}{\tau'^2}\,.\,m\,(a')^2$$

gefunden wird, da, wie oben abgeleitet worden ist, $k = \frac{4\,\pi^2}{\tau'^2}$ ist.

Nimmt man nun mit Fresnel an, dass erstlich die elastische Kraft des Äthers in den brechenden Medien absolut gleich derjenigen des freien Äthers und die Masse der einzelnen Ätherteilchen überall die gleiche ist, so muss auch im Innern der Körper $k = \frac{4\,\pi^2}{\tau'^2} = \frac{4\,\pi^2\,n^2}{\tau^2}$ sein. Demnach ist in einem sehr kleinen Körperelement, etwa in einer unendlich dünnen Kugelschale mit der

Gesamtäthermasse m', deren Teilchen alle gleiche Phase haben, die Arbeit, welche geleistet werden muss, um die Ätherteilchen bis zur Amplitude a' zu entfernen, gleich

$$(9) \qquad n^2 \frac{2\,\pi^2}{\tau^2} \,.\, m' (a')^2.$$

Aus der obigen Gleichung (2) der schwingenden Bewegung $\xi = a' \sin 2\,\pi \frac{t}{\tau}$ folgt aber für die Geschwindigkeit des Ätherteilchens der Wert $\frac{d\,\xi}{d\,t} = \frac{2\,\pi}{\tau}\, a' \cos 2\,\pi \frac{t}{\tau}$, also für den Moment, in welchem die Gleichgewichtslage passiert wird, d. h. zur Zeit $t = \frac{\tau}{2}$, $\frac{d\,\xi}{d\,t} = -\frac{2\,\pi}{\tau}\, a'$; also ist die lebendige Kraft der Masse m' gleich

$$(10) \qquad \frac{2\,\pi^2}{\tau^2} \,.\, m' (a')^2.$$

Der bei der Schwingung eingetretene Verlust an lebendiger Kraft ist also gleich der Differenz der Grössen (9) und (10), d. h. gleich

$$(11) \qquad (n^2 - 1) \frac{2\,\pi^2}{\tau^2} \cdot m' (a')^2.$$

Diese lebendige Kraft ist ganz an die körperlichen Moleküle übergegangen und ist das mechanische Mass der absorbierten Wellen.

Da der Coefficient $\frac{2\,\pi^2}{\tau^2}\, m' (a')^2$ für alle Stoffe gleichen Aggregatzustandes mit grosser Annäherung konstant ist, so müssen, wenn wir uns zunächst auf den gasförmigen Aggregatzustand beschränken, nicht nur für die elektrischen Schwingungen, sondern für alle drei Wellengattungen „die absorbierten Wellenmengen sich wie die brechenden Kräfte verhalten." Da jedoch die specifischen Wärmen gleicher Gasvolumina unter demselben Druck der bei gleicher Temperaturerhöhung absorbierten Wärme proportional sind, so folgt hieraus auch noch sofort, dass „die specifischen Wärmen gleicher Gasvolumina unter demselben Druck ebenfalls der brechenden Kraft proportional sein müssen.“ Die vorstehenden aus der Sellmeierschen Absorptionstheorie gezogenen Schlussfolgerungen werden durch die Beobachtungen von Magnus, Dulong, Boltzmann und Regnault mit genügender Annäherung bestätigt, wie die folgende Tabelle beweist.

Gase	A		$n^2 - 1$	$D - 1$	$C_p \cdot 8$
	Absorptionsvermögen für Wärme Beob.: Magnus	Luft = 1	Brechende Kraft Dulong Luft = 1	Absorptionsverm. für Elektricität Boltzmann Luft = 1	Specifische Wärme glch. Volumina Regnault
Luft	14,75	1	1	1	1
O	14,75	1	0,924	0,924	1,029
H	16,23	1,1 (?)	0,5	0,45	0,64(Clément)
CO	27,95	2,0 (?)	1,157	1,169	1,008
CO^2	21,92	1,5	1,526	1,603	1,569
NO^2	24,50	1,7	1,71	1,678	1,649
CH_4	23,39	1,63	1,504	1,60	1,568
H^2H_4	40,00	2,8	2,302	2,22	1,949

Die beiden ersten Kolonnen stellen die Beobachtungen von Magnus in „Pogg. Ann.“ Bd. 112 dar, die nächste enthält die von Dulong beobachteten brechenden Kräfte der Gase (Ann. de. chim. et de phys., T. XXXI, S. 154, Pogg. Ann. Bd. 6), und die vorletzte Reihe ist aus den von Boltzmann beobachteten Dielektricitätskonstanten berechnet worden (Pogg. Ann. Bd. 155, S. 403), während die letzte die von Regnault beobachteten specifischen Wärmen wiedergiebt.

Aus der Gleichheit der vierten und fünften Kolonne der vorstehenden Tabelle folgt, dass

$$n^2 - 1 = D - 1,$$

also

$$n = \sqrt{D}$$

ist.

Zu demselben Resultat führt auch die Maxwellsche Theorie, da nach derselben

$$\frac{1}{\sqrt{D}} = V = \frac{1}{n},$$

also

$$n = \sqrt{D}$$

ist. Die Übereinstimmung zwischen den Resultaten der Maxwellschen und Sellmeierschen Theorie erklärt sich daher, dass die von Faraday und Maxwell als Grundlage ihrer Forschung angenommenen Kraftlinien, deren mechanische Erklärung nicht gegeben wird, nach der Vibrationstheorie in mechanisch verständlicher Weise als die Interferenzkurven der sich kugelförmig ausbreitenden Ätherschwingungen nachgewiesen werden. Maxwell vermag über die Entstehung der Kraftlinien nur die höchst unbestimmte Erklärung abzugeben, dass dieselben unter der Einwirkung von Null ansteigender, magnetisierender Kräfte aus Punkten, welche sich zu Kreisen erweitern, entstehen. Während man danach diejenigen Kurven, welche durch auf Papier gestreutes Eisenpulver oder Eisenfeile unter der Wirksamkeit des Magneten gebildet werden, als die Kraftlinien ansieht, würde man in Übereinstimmung mit den entsprechenden akustischen Vorgängen nach den in „Kraft und Masse“ behandelten Druckwirkungen der Ätherwellen nicht diese Kurven, sondern die zwischen ihnen liegenden, von den Eisenteilchen nicht bedeckten Kurven als die eigentlichen Kraftlinien bezeichnen müssen. Die Eisenteilchen bleiben nämlich hiernach nur an denjenigen Stellen in Ruhe, in welchen sich die Schwingungen durch Interferenz aufheben, werden aber von denjenigen Stellen, in welchen die elektrischen Schwingungen sich verstärken, fortgetrieben, wie dies ja bei den akustischen Transversalschwingungen (Chladnische Klangfiguren) ebenfalls geschieht. Für die Richtigkeit dieser Anschauung spricht in hohem Masse die eigentümliche Ähnlichkeit der Form der Magnetkraftlinien mit den Interferenzfiguren dünngeschliffener Krystalle. Die Analogie zwischen der elektrischen Vibrationstheorie und der Faraday-Maxwellschen Kraftlinientheorie der Elektricität und des Magnetismus liesse sich noch weiter ausdehnen; die Übereinstimmung geht sogar soweit, dass die Maxwellschen Grundgleichungen sich unmittelbar aus der Sellmeierschen Absorptionstheorie ableiten lassen. Es entspricht nämlich das erste Glied der oben erwähnten Sellmeierschen Formel

$$(n^2 - 1) \cdot \frac{2\pi^2}{\tau^2} \cdot m' (a')^2$$

oder

$$n^2 \cdot \frac{2\pi^2}{\tau^2} \cdot m' (a')^2 - \frac{2\pi^2}{\tau^2} \cdot m' (a')^2,$$

d. h.

$$n^2 \cdot \frac{2\pi^2}{\tau^2} \cdot m' (a')^2$$

oder

$$\frac{n^2 c^2}{2} m' \left(\frac{2 \pi a'}{l}\right)^2$$

der lebendigen Kraft $T\,d\tau$ der tonischen Bewegung, dagegen der ganze Ausdruck

$$(n^2 - 1) \cdot \frac{2 \pi^2}{\tau^2} m' (a')^2 d\tau$$

der Arbeitsleistung $V d\tau$ im Volumenelemente $d\tau$, welche die tonischen Kräfte bei der Überwindung der widerstehenden Molekularkräfte leisten. Setzt man das Volumenelement $d\tau$ gleich 1, so erhält man für die beiden ersten Maxwellschen Grundgleichungen, aus welchen die übrigen sich mit Hilfe des Hamiltonschen Principes herleiten lassen,

A. $$T = \frac{K}{8 \pi} (P^2 + Q^2 + R^2),$$

in welcher

(1) $$P = \frac{dF}{dt}, \; Q = \frac{dG}{dt}, \; R = \frac{dH}{dt},$$

d. h. gleich den tonischen Geschwindigkeitskomponenten des tonischen Vektors F, G, H sind; K ist eine Konstante.

B. $$V = \frac{\nu}{2} (a^2 + b^2 + c^2) = \frac{1}{8 \pi u} (a^2 + b^2 + c^2),$$

wobei

(2) $$a = \frac{dH}{dy} - \frac{dG}{dz}, \; b = \frac{dF}{dz} - \frac{dH}{dx}, \; c = \frac{dG}{dx} - \frac{dF}{dy}$$

ist; ν und u sind Konstanten.

Nun ist aber nach Sellmeier die im Volumenelemente 1 enthaltene lebendige Kraft der Ätherbewegung, wenn die Masse m′ des Äthers ebenfalls gleich 1 gesetzt wird, a′ die Amplitude, l die Wellenlänge und n der Brechungsexponent ist.

$$T = \frac{n^2}{2} \cdot \left(\frac{2 \pi a' c}{l}\right)^2 = \frac{K}{2} \left[\left(\frac{P}{2 \sqrt{\pi}}\right)^2 + \left(\frac{Q}{2 \sqrt{\pi}}\right)^2 + \left(\frac{R}{2 \sqrt{\pi}}\right)^2\right],$$

d. h.

$$n^2 = K, \; \left(\frac{2 \pi a' c}{l}\right)^2 = \left(\frac{P}{2 \sqrt{\pi}}\right)^2 + \left(\frac{Q}{2 \sqrt{\pi}}\right)^2 + \left(\frac{R}{2 \sqrt{\pi}}\right)^2;$$

es sind also $\frac{P}{2 \sqrt{\pi}}, \frac{Q}{2 \sqrt{\pi}}, \frac{R}{2 \sqrt{\pi}}$ die Geschwindigkeitskomponenten der Ätherschwingungen.

Setzt man in B die Werthe für a, b und c aus (2) ein und zieht zusammen, so erhält man:

$$V = \frac{1}{2u}\left\{\frac{(d F)^2 + (d G)^2 + (d H)^2}{(2\sqrt{\pi})^2} - \frac{\left(\frac{d F}{d x} + \frac{d G}{d y} + \frac{d H}{d z}\right)^2}{(2\sqrt{\pi})^2}\right\},$$

während nach Sellmeier

$$V = \frac{n^2 c^2}{2}\left(\frac{2\pi a'}{l}\right)^2 - \frac{1}{2}\left(\frac{2\pi a' c}{l}\right)^2$$

ist. Diese Gleichungen sind identisch, wenn $\frac{1}{u} = n^2 c^2$ im freier Äther, dagegen im gebundenen $\frac{1}{u} = 1$ ist, d. h. $u = 1$ ist. Die letzte Bedingung ist, wenn man Eisen, Nickel und Kobald ausnimmt, bei allen Stoffen thatsächlich erfüllt, während bei diesen Metallen in die Formel der durch die Absorption veränderte Brechungsexponent n_1 eingeführt werden muss, so dass $\frac{1}{u} = n_1{}^2$ im gebundenen Äther wird. Die Gleichung $\frac{1}{u} = n^2 c^2$ ist nach den besten Beobachtungen ebenfalls richtig, sodass die soeben gegebene Ableitung der Maxwell'schen Grundgleichungen vollständig berechtigt ist.

Die von einem Körper ausgestrahlten Wellen, mögen dieselben nun Licht-, Wärme- oder Elektricitätswellen sein, breiten sich nach allen Richtungen des Raumes hin aus, d. h. also kugel- oder strahlenförmig. Hieraus folgt ohne weiteres, dass die Intensität der ausgesandten Wellenbewegung mit wachsender Entfernung von dem strahlenden Körper abnehmen muss, und zwar in derselben Weise, wie die mit dem Abstand als Radius beschriebenen Kugel-Oberflächen wachsen; denn die ursprüngliche Wellenmenge muss sich bei wachsender Entfernung vom Körper wegen der radialen Ausbreitung auf die betreffenden Kugel-Oberflächen gleichmässig verteilen. Nun ist aber die Oberfläche einer Kugel vom Radius r gleich $4 r^2 \pi$, die Kugel-Oberflächen sind also dem Quadrate des Radius direkt proportional. Da nun aber die Intensität der Strahlen der Grösse der Oberfläche, über welche sie sich ausbreiten, umgekehrt proportional ist, so muss demnach die Intensität der Wellenbewegung dem Quadrate der Entfernung vom strahlenden Punkte umgekehrt proportional sein. In der That beweisen die angestellten Beobachtungen, dass nicht nur die Intensität der Licht- und Wärmestrahlen, sondern auch diejenige der elektrischen Schwingungen dem Quadrate der Entfernung umgekehrt proportional ist. Bei dem Licht benutzt man zur Messung der Intensität das Photometer, bei der Wärme das Thermometer oder die Thermosäule und bei der Elektricität das Elektroskop oder besser noch die Coulombsche Drehwage. Gerade die Versuche Coulombs mit der Drehwage haben unzweifelhaft bewiesen, dass die Intensität der strahlenden Elektricität ebenso wie diejenige der Licht- und Wärmewellen mit dem umgekehrten Quadrate der Entfernung abnimmt. Da die Intensität ausserdem noch der wirksamen Elektricitätsmenge direkt proportional ist, so kann man das räumliche Wirkungsgesetz der statischen Elektricität also formulieren: „Die Anziehung oder Abstossung elektrisch geladener Körper ist den wirksamen Elektricitätsmengen direkt, dem Quadrate ihrer Entfernung umgekehrt proportional.“ Da die Elektricität eine Kraft ist, so hätte man dies Resultat auch ohne weiteres aus dem Grundgesetze folgern können, dass die funktionelle Beziehung einer Kraft zu ihrer räumlichen Bestätigungsmöglichkeit stets dieselbe sein muss.

Mit Bezugnahme auf dies Gesetz lehren die meisten oder vielleicht alle Lehrbücher der Physik, dass in jeder Welle eines sich im Raume ausbreitenden Wellensystemes im ganzem Umfange der Schale gleichviel Energie angehäuft sei. Dieses trifft jedoch nicht annähernd zu. Es wird von der veralteten Annahme ausgegangen, dass von Welle zu Welle die ganze Energie übergehe, während es doch in Wahrheit nur die dynamische Kraft ist, welche in Summa zur ungeschwächten Fortpflanzung gelangen kann, und die Grösse der Energieübertragung sich erst aus der Arbeitsleistung der dynamischen Kraft errechnet. Diese einfache Überzeugung bietet einen Schlüssel für die Erkenntnis des Wesens fern wirkender Anziehungskräfte und für das Verständnis vieler elektrischer Vorgänge, z. B. aller Induktionserscheinungen.

Die in einer vom Mittelpunkt, dem Centrum der Erregung, ausgehenden Welle angehäufte dynamische Kraft Σ m v, Summe aller Bewegungsgrösse, verteilt sich in den äusseren Wellen der zweifach grösseren

Kugelschale auf eine grössere Masse, dementsprechend die Geschwindigkeit v dort nur $\frac{1}{4}$ so gross ausfällt, weil die Masse in der Welle der Kugel von doppeltem Radius die vierfache Fülle besitzt.

Nach der vorstehenden, von Möller aufgestellten Ansicht verhalten sich also die Geschwindigkeiten der Wellenbewegung in verschiedenen Entfernungen vom Erregungscentrum umgekehrt, wie die Quadrate dieser Entfernungen, also $v : v' = r'^2 : r^2$, während Wüllner im 1. Bd. d. Exp.-Physik S. 681 dafür $v : v' = r' : r$ findet. Zu diesem allerdings unhaltbaren Resultat gelangt Wüllner durch die Anwendung des Satzes aus der analytischen Mechanik, dass die lebendige Kraft eines bewegten Systems konstant ist, wenn die Bewegung nur Folge von inneren, zwischen den einzelnen Punkten des Systemes thätigen Kräften ist. Der Irrtum liegt darin, dass Wüllner annimmt, auf die schwingende Bewegung sei, weil bei derselben die Bewegung der einzelnen Punkte nur Folge der Elasticitätskräfte sei, jener Satz anwendbar, und es müsse demnach auch die Gleichung bestehen:

$$4 \pi r^2 . v^2 = 4 \pi r'^2 . v'^2,$$
$$\text{oder } v : v' = r' : r.$$

Diese Annahme ist jedoch sachlich nicht berechtigt, denn sämtliche Schwingungen, mögen es nun Schall-, Licht-, Wärme- oder Elektricitätswellen sein, kommen nur durch die vereinigte Wirkung von äusseren und inneren Kräften zu stande, weil durch innere Kräfte allein eine derartige Wellenbewegung absolut nicht eintreten kann, sondern sogar, wenn durch eine äussere Kraft einmal eine solche Wellenfolge erregt worden ist, schliesslich infolge der inneren Kräfte und des Abfliessens der dynamischen Kraft wieder die frühere Gleichgewichtslage eintritt. Selbst bei dem für die elektrischen Schwingungen so durchlässigen Luftmedium gilt streng genommen die oben abgeleitete Gleichung (11), da ja auch die Luft ein Dielektricum ist; daraus folgt aber, dass bei der radialen Ausbreitung in der Luft die elektrischen Schwingungen ebenfalls absorbiert werden und sich, wie Herr Professor Möller sagt, tot laufen müssen.

Nach Gleichung (11) ist nun der bei der Schwingung eingetretene Verlust an lebendiger Kraft gleich

$(n^2-1) \frac{2\pi^2}{\tau^2} m' (a')^2$, so dass, da für dasselbe Medium n und τ

konstant sind, der Verlust an lebendiger Kraft den zu bewegenden Massen und damit wegen der homogenen Beschaffenheit des Mediums den Oberflächen der Kugelschalen, d. h. dem Ausdruck $4 \pi r^2$ direkt proportional ist. Die lebendigen Kräfte, welche die einzelnen Kugelschalen frei passieren können, müssen daher diesen Oberflächen umgekehrt proportional sein, d. h. sich umgekehrt wie die Quadrate ihrer Radien verhalten. Da sich aber diese im umgekehrten Quadrat der Radien abnehmenden lebendigen Kräfte entsprechend den wachsenden Oberflächen immer wieder auf grössere Massen verteilen müssen, so muss man, wenn man die Schwingungsamplitude in den Kugelschalen in den Entfernungen r, r', ... mit v, v', ... bezeichnet, für das Verhältnis der dieselben wirklich frei passierenden lebendigen Kräfte

$$4 \pi r^2 . v^2 : 4 \pi r'^2 . v'^2 = r'^2 : r^2$$

oder $$v : v' = r'^2 : r^2$$

erhalten, wie Möller aus dem Satze von der Erhaltung der Bewegungsgrösse Σ m v direkt abgeleitet hat. Der wirkliche Sachverhalt ist also, um es kurz zu sagen, einfach der, dass infolge der den Massen direkt proportionalen Schwächung der ursprünglichen dynamischen Kraft durch Absorption und der gleichzeitigen Verteilung der restierenden freien Bruchteile derselben auf immer grössere Oberflächen die auf die Einheit der Masse bezogenen lebendigen Kräfte in verschiedenen Entfernungen von dem Erregungscentrum nicht im einfachen umgekehrten Verhältnisse der Oberflächen, sondern im umgekehrten Quadrat dieser Oberflächen abnehmen müssen. Es muss also danach sich verhalten:

$$\frac{1 . v^2}{2} : \frac{1 . v'^2}{2} = (4 \pi r'^2)^2 : (4 \pi r^2)^2,$$

oder $$v^2 : v'^2 = r'^4 : r^4,$$

oder $$v : v' = r'^2 : r^2.$$

Man gelangt zu demselben Resultat auch durch folgende Betrachtung. Nach dem Coulombschen Gesetz ist der Geschwindigkeitszuwachs, den die mit der Wellenmenge 1 geladene Masse m einer zweiten gleichgeladenen Masse m in der Entfernung r erteilt, dem Quadrate dieser Entfernung umgekehrt proportional, also ist pro Sekunde $g = \frac{1}{r^2}$. Soll nun der Rückstoss der Ätherschwingungen der Masse m diese sekundliche Geschwindigkeitszunahme erteilen können, so müssen die beiden lebendigen Kräfte gleich sein, also, wenn v die Geschwindigkeit und n die Äthermasse ist, muss $\frac{m\,g^2}{2} = \frac{n\,v^2}{2}$ oder $v = g\sqrt{\frac{m}{n}}$ sein und demnach muss, wenn man für g den Wert $\frac{1}{r^2}$ einsetzt,

$$v : v' = \frac{1}{r^2} \cdot \sqrt{\frac{m}{n}} : \frac{1}{r'^2}\sqrt{\frac{m}{n}}$$

oder $v : v' = r'^2 : r^2$ sich verhalten.

Das Kraftbethätigungsgesetz, das soeben aus der Wellentheorie für die statische Ätherstrahlung abgeleitet ist, gilt jedoch nicht für die dynamischen oder die strömenden Ätherschwingungen. Für die letzteren gilt vielmehr ganz allgemein das Webersche Grundgesetz, welches lautet:

$$W = \frac{e \cdot e'}{r^2}\left(1 - a\left(\frac{dr}{dt}\right)^2\right);$$

darin sind e und e' die wirksamen elektrischen Massen im Abstande r, welche gegeneinander die Geschwindigkeit $\pm \frac{dr}{dt}$ haben. Nun wird nach dem Dopplerschen Princip die Zahl der Schwingungen, welche das Ohr oder das Auge treffen, durch die Formel $n\left(1 \pm \frac{s}{c}\right)$ dargestellt, worin s die relative Geschwindigkeit der Ton- oder Lichtquelle, bezüglich für die Elektricität diejenige der Schwingungen in den Leitern und c die Geschwindigkeit der bezüglichen Schwingungen in der umgebenden Luft bedeutet.

Die Annahme Webers (s. Elektrotechn. Ztschrft. 1894, Heft 52), dass in jedem elektrischen Strom gleichzeitig beide Elektricitäten in gleicher Menge nach entgegengesetzten Richtungen fliesen, ergiebt sich als Folgerung aus dem Umstande, dass die elektrischen Schwingungen infolge der radialen Ausbreitung und der totalen Reflexion an der Innenseite der Drahtoberfläche nach der positiven und negativen Stromrichtung hin den Draht durchlaufen und daher, soweit sie nicht infolge der Totalreflexion im Leiter verbleiben müssen, nach beiden Richtungen hin ausstrahlen. Ist nun die Geschwindigkeit der elektrischen Strahlen im ersten Leiter n und im zweiten n', so sind die relativen Geschwindigkeiten, mit welchen die elektrischen Schwingungen einander entfliehen oder auf einander zueilen:

1. von $+e$ und $+e'$: $n - n'$
2. „ $-e$ „ $-e'$: $-(n - n')$
3. „ $+e$ „ $-e'$: $n + n'$
4. „ $-e$ „ $+e'$: $-(n + n')$.

Während einer Sekunde wird also, wenn im ersten Leiter n, im zweiten u_1 Schwingungen in der Sekunde stattfinden, nach dem Dopplerschen Princip eine in der positiven Stromrichtung sich fortpflanzende Welle des zweiten Leiters sich mit

$$u\left\{1 + \frac{n - n'}{c}\right\}$$

Wellen des ersten und umgekehrt gleichzeitig eine in der positiven Richtung sich fortpflanzende Welle des ersten Leiters sich mit

$$u_1\left\{1 + \frac{n - n'}{c}\right\}$$

Wellen des zweiten zusammensetzen, sodass bei der relativen Geschwindigkeit $+ (n - n')$ infolge der Wechselseitigkeit der Strahlung die Gesamtzahl der von den Stromelementen d s und d s' einander zugesandten Wellen dem Produkt $u\,u_1\left(1 + \frac{n - n'}{c}\right)^2$ und dem der strahlenden Flächen d s und d s' proportional, also gleich

$$ds\; ds' \,.\, u\,u_1\left(1 + \frac{n - n'}{c}\right)^2 \text{ ist.}$$

Ganz entsprechend erhält man für die Gesamtzahl der Schwingungen bei der relativen Geschwindigkeit

$$-(n - n') : ds\; ds' \,.\, u\,u_1\left(1 - \frac{n - n'}{c}\right)^2,$$

$$n + n' : ds\; ds' \,.\, u\,u_1\left(1 + \frac{n + n'}{c}\right)^2,$$

$$-(n + n') : ds\; ds' \,.\, u\,u_1\left(1 - \frac{n + n'}{c}\right)^2.$$

Nach den Versuchen von Crookes ist aber die anziehende oder abstossende Wirkung der Ätherschwingungen der Zahl der ausgesandten Schwingungen direkt und wegen der Intensitätsabnahme dem Quadrate der Entfernung der ausstrahlenden Körper umgekehrt proportional und folglich erhält man für die mechanische Wirkung der Wellen in den angeführten vier Sonderfällen

$$1.\quad \frac{ds\, ds'}{r^2} \cdot u u_1 \left(1 + \frac{n - n'}{c}\right)^2,$$

$$2.\quad \frac{ds\, ds'}{r^2} \cdot u u_1 \left(1 - \frac{n - n'}{c}\right)^2,$$

$$3.\quad -\frac{ds\, ds'}{r^2} \cdot u u_1 \left(1 + \frac{n + n'}{c}\right)^2,$$

$$4.\quad -\frac{ds\, ds'}{r^2} \cdot u u_1 \left(1 - \frac{n + n'}{c}\right)^2.$$

Die algebraische Summe aller dieser vier Wechselwirkungen ist dann die Wirkung der beiden Stromelemente aufeinander, diese Summe ist, wie man sich leicht durch Ausquadrierung und Adierung der gleichnamigen Glieder überzeugen kann, durch

$$\frac{u u_1 \cdot ds\, ds'}{r^2} \cdot \left(-\frac{8\, n n'}{c^2}\right).$$

Dieser Ausdruck soll nun dem von Weber gegebenen identisch gleich sein. Der letztere ist

$$8\,\alpha\, \frac{e e'\, ds\, ds'}{r^2} \cdot n n'$$

und wird, abgesehen vom Vorzeichen, mit dem von mir abgeleiteten identisch, wenn man $8\,\alpha = \frac{8}{c^2}$, also $\alpha = \frac{1}{c^2}$ setzt. Weber leitet aus seinem Grundgesetz und den zahlreichen elektrodynamischen Versuchen für die Konstante α dieselbe Beziehung ab, die sich übrigens auch aus der elektromagnetischen Theorie des Lichtes von Maxwell ergiebt und eine der Hauptstützen derselben bildet.

Versuche über die Kraftwirkung der statischen Ätherstrahlen.

I. Die ersten experimentellen Versuche, den mechanischen Rückstoss der strahlenden Materie oder richtiger der Ätherwellen nachzuweisen, sind meines Wissens von Mairan angestellt und in seiner Arbeit „Eclaircissement sur le traité phisique et historique de l'aurore boréale" in den „Mémoires de l'Académie royale des sciences à Paris", 1747 p. 363—435 veröffentlicht worden. In dem neunten Kapitel dieser Abhandlung, dessen Überschrift lautet: „Sur l'impulsion des rayons solaires", beschreibt er eine Lichtmühle, nachdem die Beobachtungen von Hartsoecker (1696) und von Homberg (1708) über die Bewegung einer dem Brennpunkt eines Brennspiegels ausgesetzten Uhrfeder angeführt hat, auf Seite 428 etwa mit folgenden Worten: „Du Fay und ich konstruierten ein sehr bewegliches, windmühlenartiges Flügelrad, worauf wir den Brennpunkt einer 7 bis 8 Zoll im Durchmesser haltenden Lupe fallen liessen. Wir erzielten jedoch nur unsichere, hin- und hergehende Bewegungen. Ich verschaffte mir daher eine ähnliche, leichtere und viel künstlicher aufgehängte Maschine. Dieselbe besteht aus einem horizontal liegenden Rade von ungefähr 3 Zoll Durchmesser mit sechs Speichen, an deren äussersten Enden sich je ein kleiner schräger Flügel befindet. Die eiserne Achse desselben wird an seiner oberen Spitze nur mittelst eines eisernen Halslagers gehalten. Das Flügelrad und die Achse wiegen im Ganzen kaum 30 grains (= 1,8 Gramm). Unter dem Einfluss der Licht- und Wärmestrahlen drehte sich die Maschine bald nach der einen, bald nach der anderen Seite, je nachdem einer ihrer Flügel sich dem Brennpunkte von unten oder oben mehr oder weniger näherte. Man muss daraus den Schluss ziehen, dass die leuchtenden Strahlen sich nach den verschiedenen Richtungen des von der Lupe gebildeten Kegels hinziehen und wieder zurückstossen. Allein die Ausdehnung einer plötzlichen und ungleichmässig erwärmten Luftmasse in der Umgebung des Flügels, dem man den Brennpunkt näherte, schien mir eine hinreichende Ursache für diese Wirkung zu sein. Das immerwährende Hindernis dieser Luft brachte mich natürlich auf den Gedanken einen dieser Versuche in dem luftleeren Raume anzustellen; indessen gestehe ich, dass ich nach einiger Überlegung über den etwaigen Erfolg zu der Ansicht gekommen bin, mir die Mühe nicht nehmen zu brauchen." — An der Ausführung dieses Versuches hinderten ihn erstlich seine Anschauungen von der Konstitution des Äthers und zweitens die Schwierigkeit, einen möglichst luftleeren Raum herzustellen. Hätte Mairan seine Versuche, welche er in gewöhnlicher Luft anstellte, in einem luftleeren Raume wiederholt, wie er beabsichtigt hatte, so würden sich ihm die Crookesschen Resultate ergeben haben. Das Hin- und Herschwanken der Flügel nach verschiedenen Richtungen unter dem Einfluss der Lupe dürfte bei seinen Versuchen ebenso, wie dies bei denjenigen Zöllners der Fall gewesen ist, hauptsächlich dadurch veranlasst worden sein, dass der Brennpunkt bald konkave, bald konvexe Teile der nicht vollkommen ebenen Flügel erwärmte.

Einen ähnlichen Versuch wie Mairan hat Michell im Anfange dieses Jahrhunderts angestellt. Derselbe befestigte an dem einen Ende eine Klavierseite, welche in einem Holzkasten an einem Faden hing und durch ein Gegengewicht im Gleichgewicht gehalten wurde, eine Kupferplatte, auf welcher er mittelst eines Brennglases Sonnenstrahlen koncentrierte. Anfangs bewegte sich das Kupferblättchen mit einer Geschwindigkeit von $2^1/_2$ Zoll in der Sekunde rückwärts, bis es gegen die Wand des Kastens stiess und sich verbog. Es wäre wünschenswert, dass diese Versuche mit besseren und empfindlicheren Apparaten wiederholt würden und damit der Nachweis geführt würde, dass die Radiometerbewegungen nicht nur im luftleeren Raume, sondern auch in der atmosphärischen Luft trotz der hemmenden Wirkungen derselben möglich sind. Auf einen derartigen Versuch, den man leicht wiederholen kann, bin ich bei der Anstellung von Kunststücken auf dem Billard geführt worden. Balanciert man ein Billardqueue auf einem Weinglase aus, so dass es sich auf demselben leicht drehen kann, und nähert nun ein am Rande erwärmtes und nach einer Richtung hin glatt gestrichenes Stück Pappe dem Queue, so wird das letztere ziemlich kräftig angezogen und folgt nach, sobald man die Pappe langsam weiter zurückzieht. Noch eklatanter zeigt sich diese anziehende Wirkung der von der warmen Pappe ausgesandten Wärmestrahlen, wenn man das Queue nach der Art des Henglerschen Horizontalpendels an zwei langen Fäden horizontal aufhängt; in diesem Falle

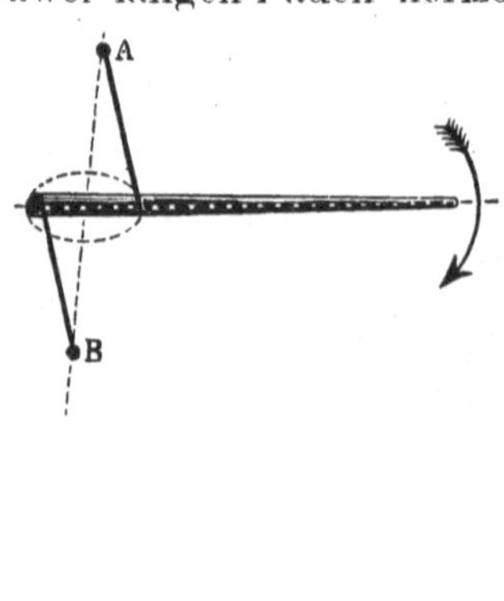

ist die anziehende Wirkung, wie ich mich durch mehrere Versuche überzeugt habe, wahrhaft frappierend. Beistehende Figur möge zur Erläuterung dieses Experiments dienen.

Dieselben Resultate erhält man, wenn man einen Federhalter oder eine Stricknadel nach Art der Coulombschen Drehwage horizontal aufhängt und die erwähnte Pappe darauf wirken lässt. Zwei gleich bearbeitete Pappstücke oder Löschblätter stossen sich ab, so dass also die Erscheinungen der Wärme hier den elektrischen Vorgängen fast vollkommen wesensgleich sind.

Nunmehr komme ich zu den bekannten Experimenten von Crookes, welche in der wissenschaftlichen Welt mit Recht ein so grosses und allseitiges Interesse erregt haben. Veranlasst wurde Crookes zu diesen Versuchen, wie er selbst in einem diesbezüglichen Vortrage erwähnt, durch die Spekulationen Faradys über die Eigenschaften der strahlenden Materie. Crookes hat den bereits von Mairan gehegten Plan verwirklicht, indem er den mechanischen Rückstoss der strahlenden Wärme und im Anschluss daran denjenigen der elektrischen Schwingungen und deren sonstige Wirkungen im luftleeren Raum untersuchte. Gleichzeitig und zwar völlig unabhängig von Crookes wurden die Radiometerbewegungen ebenfalls von Herrn Professor Neesen in Berlin experimentel untersucht (cf. Pogg. Ann., Band 156, S. 144—156, 1875). Später sind diese Versuche von Zöllner, Finkener und anderen wiederholt worden. Die Beobachtungen, welche die einzelnen Forscher angestellt haben, stimmen freilich vollständig miteinander überein, nicht aber die Theorien, durch welche sie dieselben zu erklären suchten.

Die Konstruktion eines gewöhnlichen Radiometers zeigt die nächstfolgende Figur, welche ebenso wie die nachfolgenden Figuren über die Crookeschen Strahlungsvorgänge aus Meyers Konversationslexikon entnommen ist.

Die Aluminiumblättchen, welche vertikal stehen und an dem um die vertikale Achse drehbaren Kreuze aus Aluminiumdrähten befestigt sind, sind auf einer Seite geschwärzt. Sobald man auf die Flügel des Rades die Sonnenstrahlen oder die Strahlen irgend einer anderen Wärmequelle auffallen lässt, bewegt sich das Rad so, dass die schwarzen Flächen der Blättchen zurückweichen. Da infolge des grösseren Absorptions- und Emissionsvermögens der berussten Blättchen dieselben eine grössere Strahlenmenge aufnehmen und auch wieder ausstrahlen, so muss natürlich in ähnlicher Weise wie bei dem Segnerschen Wasserrade nach dem Reaktionsprincip ein Zurückweichen der schwarzen Blättchen eintreten. Um genauere Messungen anstellen zu

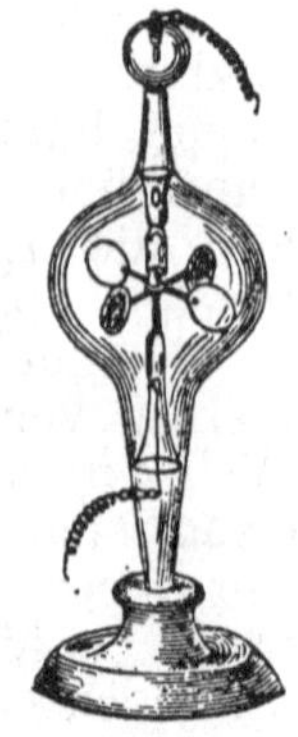

können, als dies mit einem gewöhnlichen Radiometer möglich ist, hat Herr Dr. Pringsheim nach Crookes Beispiel einen sogenannten Torsionsapparat benutzt und das Aluminiumblättchen an einem Kokonfaden in einer luftleeren Röhre aufgehängt.

Das in dem unteren Teile des Apparates im Gleichgewicht gehaltene Glimmerblättchen war auf der einen Seite berusst. Zunächst ergab sich aus den angestellten Beobachtungen, dass auch die Temperatur der Glashülle von Einfluss auf die Bewegung des Radiometerflügels ist. Das Resultat dieser Untersuchungen lässt sich kurz in folgender Form aussprechen: „Von einer warmen Fläche geht im luftverdünnten Raum ein Druck aus, der mit der Temperatur der Fläche zunimmt.“ Indessen tritt dieser Einfluss gegen diejenige Wirkung zurück, welche die Beschaffenheit der Radiometerflügel auf deren Bewegungsweise ausübt. Da bei den bezüglichen Versuchen eine direkte Einwirkung von seiten der Gefässwände gänzlich vermieden wurde, so ist zunächst klar, dass eine Bewegung durch die Flügel nur dann hervorgebracht werden kann, wenn ihre beiden Seiten bei der Bestrahlung verschieden wirken, weil ja eine gleiche Wirkung beider Seiten sich aufheben würde. Da ferner die Bewegung durch Bestrahlung hervorgebracht wird, so muss natürlich die lebendige Kraft der Bewegung von den Strahlen herrühren. Dies ist jedoch nur durch Absorption möglich, da schon die einfachsten Versuche zeigen, dass eine direkte Übertragung der lebendigen Kraft der Strahlen an die Flügel nicht die Ursache der Bewegung sein kann. Daher wird die Wirkung desto stärker sein, um eine je grössere Strahlenmenge der in der einen Flügelseite absorbierte Teil der Strahlung den an der anderen Seite absorbierten übertrifft. Mit anderen Worten heisst dies, dass die erzeugte Bewegung mit dem umgekehrten Quadrat der Entfernung der wirksamen Wärmequelle abnehmen muss, wenn anders die Wärmestrahlen die Ursache der Bewegung sein sollen. In der That wird diese Schlussfolgerung, welche aus der Annahme folgte, dass die Wärmewellen die Ursache der Bewegung sind, durch die Beobachtung vollkommen bestätigt, und damit die Richtigkeit der aufgestellten Hypothese bewiesen; denn die Wirkung ist wirklich dann am stärksten, wenn feine Glimmerblättchen, die fast gar keine Wärmestrahlen absorbieren, auf einer Seite mit dem auch für Wärmestrahlen undurchlässigsten aller Körper, nämlich mit Lampenruss, bedeckt sind, und nimmt mit der Intensität der Wärmestrahlung, d. h. im umgekehrten Quadrat der Entfernung ab.

Den Beweis hierfür liefern beispielsweise die in Poggendorffs Analen, Bd. 156 S. 489 von Poggendorff angeführten Beobachtungen Crookes':

Lichtquelle	Zeit zu einem Umlauf in Sek.
1 Kerzenflamme 20 Zoll Abstand	182

Lichtquelle	Zeit zu einem Umlauf in Sekunden
1 Kerzenflamme 10 Zoll Abstand	45
„ 5 „ „	11

Da die Umlaufzeit der wirksamen Kraft umgekehrt proportional ist, so muss sich nach dem bekannten quadratischen Kraftbethätigungsgesetz in diesem Falle verhalten:

$$20^2 : 10^2 = 182 : 45$$
$$\text{und } 10^2 : 5^2 = 45 : 11.$$

Dass dies thatsächlich mit wünschenswerter Genauigheit der Fall ist, beweist die Auswertung der vorstehenden Proportionen.

Die Beobachtungen zeigen ferner, dass stets diejenige Fläche zurückweicht, welche die grösste Strahlenmenge aussendet. Der Vorgang ist also bei den Radiometererscheinungen ein ähnlicher wie bei dem elektrischen Spitzenrad, bei dem die ausströmenden elektrischen Schwingungen eine Rotation hervorrufen, oder auch wie bei dem Segner'schen Wasserrade, dessen Bewegung durch den Rückstoss des ausströmenden Wasserstrahls bewirkt wird. Dass übrigens auch die elektrischen Schwingungen in derselben Weise auf die Radiometerflügel einwirken wie die Wärmestrahlen, hat Crookes in recht augenscheinlicher und leichtverständlicher Weise experimentell nachgewiesen. Da gerade zwischen der Wärme und Elektricität vielfache Beziehungen und Gleichartigkeiten bestehen, so dürften die diesbezüglichen Versuche, abgesehen von ihrer sonstigen Wichtigkeit, einer eingehenden Besprechung wert sein. Um nachzuweisen, dass die von dem negativen Pol eines Induktionsstromes ausgehenden Wellen eine mechanische Wirkung auszuüben vermögen, liess Crookes sich einen sinnreichen Apparat anfertigen. Derselbe besteht, wie nebenstehende Figur zeigt, aus einer in hohem Grade evakuierten Glasröhre mit einer kleinen gläsernen Schienenbahn, die inwendig von einem Ende zum andern läuft. Auf den Schie-

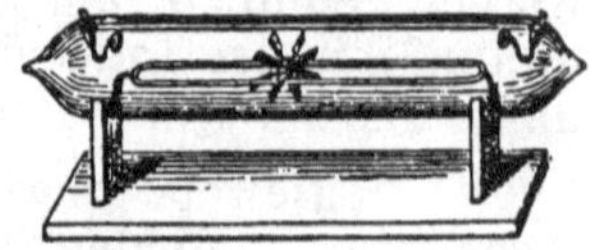

nen rollt die Achse eines kleinen Rades, dessen Speichen breite Glimmerschaufeln tragen. An jedem Ende der Röhre, etwas oberhalb der Mitte, befindet sich ein Aluminiumpol, so dass der elektrische Strom immer von dem negativen Pol, möge derselbe an dem einen oder dem andern Ende liegen, längs der Röhre hingeht und, indem er die oberen Flügel des kleinen Schaufelrades trifft, dieses zu rotieren und längs des Schienenweges hinzulaufen nötigt. Kehrt man die Pole um, so wird das Rad aufgehalten und wieder auf demselben Wege zurückgehen; selbst wenn man die Röhre sanft neigt, vermag die Kraft der elektrischen Schwingungen das Rad bergan zu treiben. Dieser Versuch zeigt, dass die von dem negativen Pole ausgehenden elektrischen Strahlen einen leichten Gegenstand fortzuschieben vermögen. Da wir vorher bei der Einwirkung der Wärmestrahlen auf die Radiometerflügel gesehen haben, dass die Wärmestrahlen bei einseitigem Ausströmen einen Rückstoss ausüben, so muss auch der negative Pol des Induktionsstromes, wenn er wirklich Schwingungen des Äthers aussendet, einen Rückstoss erleiden, der sichtbar werden muss, sobald man den Pol selbst beweglich macht. Dies hat Crookes mittelst eines radiometerartigen Apparates gezeigt, der seinem Aussehen nach einem gewöhnlichen Radiometer mit Aluminiumscheiben statt der Flügel gleicht; jede Scheibe ist auf der einen Seite mit einer Glimmerplatte überzogen. Die Radachse wird von einem Stück harten Stahles statt von einem Glashütchen getragen; die Nadelspitze, auf welcher das Rad läuft, ist durch einen Draht mit dem in das Glas eingeschmolzenen Platinende verbunden. Oben auf der Radiometerkugel ist das andere Polende eingeschmolzen. Verbindet man nun das Radiometer so mit einem Induktorium, dass das bewegliche Rad der negative Pol wird, so tritt bei genügender Evakuierung eine schnelle Rotation des Rades ein. Beträgt nämlich der Druck nur wenige Millimeter Quecksilbersäule, so bildet sich beim Durchgange des Induktionsstromes ein Hof von sammetvioletten Licht um die metallische Seite der Flügel, während die Glimmerseite dunkel bleibt. Wenn der Druck geringer wird, so sieht man, dass ein dunkler Zwischenraum den violetten Hof von dem Metall trennt. Bei Drucken von einem halben Millimeter dehnt sich dieser dunkle Raum bis an das Glas aus, und die Rotation des Rades beginnt. Setzt man die Entleerung fort, so breitet sich der dunkle Raum weiter aus und scheint sich selbst am Glase abzuplatten, während die Rotation sehr schnell wird. Das principiell Wichtige bei diesem Versuche besteht darin, dass die Aluminiumblättchen auf der einen Seite mit gleich grossen Glimmerblättchen bedeckt sind und dadurch auf dieser Seite die Ausstrahlung der Elektricität verhindert wird, da der Glimmer bekanntlich ein Nichtleiter der Elektricität ist. Durch dieses Mittel wird eben bewirkt, dass die Blättchen nur auf der rein metallischen Seite elektrische Schwingungen auszusenden vermögen und demgemäss ebenso wie bei der gewöhnlichen Lichtmühle einen Rückstoss erleiden müssen. Im Grunde genommen ist der Vorgang genau derselbe wie bei dem bereits oben erwähnten elektrischen Spitzenrad. Es wird daher auch dann eine Rotation des Radiometerrades eintreten, wenn man dasselbe mit dem Konduktor einer Elektrisiermaschine verbindet. Meines Wissens ist dieses Experiment noch nicht gemacht. Dieselbe Wirkung wird sich aus dem gleichen Grunde zeigen, wenn man die beiden Pole mit den Belegungen einer Leidener Flasche in Verbindung setzt. Die Intensität der Bewegung hängt von der ausgestrahlten Wellenmenge, d. h. von der Stärke des wirksamen elektrischen Stromes ab.

In ähnlicher Weise, wie im vorhergehenden Abschnitt beschrieben ist, lässt sich die mechanische Wirkung der Elektricität und der Wärme zeigen, wenn die Kraftquellen selbst unbeweglich, die Flügel aber beweglich sind. Crookes hat zu diesem Zwecke das in Fig. 2 dargestellte Radiometer entsprechend abgeändert. Die vertikale Achse trägt nämlich eine Nadelspitze, auf welcher ein leichtes Glimmerrad statt der Aluminiumflügel rotiert. Dieses Rad besteht aus vier quadratischen Flügeln aus klarem Glimmer, die an leichten Aluminiumarmen sitzen, in der Mitte ist ein kleines Glashütchen angebracht, welches auf der Nadelspitze ruht. Die Arme sind unter einem Winkel von 45° gegen die horizontale Ebene geneigt. Unterhalb des Rades ist ein Ring von feinem Platindrahte befestigt, dessen Enden durch das Glas gehen. Ein Aluminiumpol ist am oberen Ende eingeschmolzen, und das Gefäss bis zu einem hohen Grade luftleer gemacht.

Verbindet man nun den Aluminiumpol mit dem positiven und den Platinring mit dem negativen Pol eines Induktionsapparates, so beginnen die Flügel augenblicklich infolge der von dem Platinring ausströmenden elektrischen Wellen zu rotieren, was ja nach dem vorhergehenden Versuche zu erwarten war. Schaltet man aber nun die Induktionsrolle ganz und gar aus und verbindet die beiden Enden des Platinringes mit einer kleinen galvanischen Batterie, welche den Ring rotglühend zu machen vermag, so dreht sich das Rad infolge der ausgestrahlten Wärme eben so rasch wie unter dem Einfluss der elektrischen Wellenbewegung. Dieser Versuch bestätigt übrigens in recht deutlicher Weise die erwähnte Thatsache, dass die erwärmten Wände des Radiometergefässes auf die Radiometerflügel eine abstossende Wirkung ausüben. Das Ergebnis der soeben im Auszuge wiedergegebenen Untersuchungen von Crookes und anderen über die mechanische Wirkung der Wärme- und Elektricitätsstrahlen lässt sich in folgenden Sätzen kurz zusammenfassen: 1. Ein bestrahlter ebener Radiometerflügel sucht mit der wärmeren Seite zurückzuweichen. 2. Ein erwärmter gekrümmter Radiometerflügel sucht mit der konvexen Seite zurückzuweichen. 3. Ein einer erwärmten oder elektrische Strahlen aussendenden Fläche gegenüber aufgehängter Radiometerflügel sucht von dieser zurückzuweichen. Ganz allgemein lassen sich die vorstehenden Ergebnisse auf folgende Weise aussprechen: „Ein Flächenelement, in welches Ätherschwingungen aus der verdünnten Luft (aus einem dünneren Medium) ein- oder aus welchem solche Wellen in dieselbe austreten, erfährt eine Zurückstossung, welche der Intensität der wirksamen Strahlen proportional ist.“ Die verschiedenen Erscheinungen, welche dem ersten Falle entsprechen, sind bereits oben nach dem Princip des Segnerschen Wasserrades durch den Rückstoss erklärt worden, welchen die auf der einen Seite stärker ausstrahlenden Wellen ausüben. Die Erscheinungen dagegen, welche der zweite Fall darbietet, lassen sich, wenn sie sich daraus auch nicht ohne weiteres erklären lassen, doch im Principe darauf zurückführen; denn in allen diesen Fällen wird der Rückstoss bedingt durch diejenigen Wellen, welche von den Flügeln reflektiert werden und darum wie der

Winddruck bei den Windmühlen eine Rotation der Flügel bewirken. Die wirklich eingedrungenen Wellen können beispielsweise in dem Radiometer mit den Glimmerflügeln keinen Einfluss auf die Bewegung ausüben, da sie ohne Absorption hindurchgehen und deshalb dem mechanischen System der Flügel gar nicht immanent werden. Ein Halladayscher Windmotor oder eine mit durchlöcherten Flügeln versehene Schraube, welche durch den Stoss strömenden Wassers in Rotation versetzt wird, würde ein bis ins einzelne zutreffendes Bild dieser Radiometerbewegungen geben.

II. Ferner hat Herr Albert von Obermayer in einer Abhandlung, welche in der Sitzung vom 17. April 1890 der Wiener Akademie vorgelegt wurde, durch verschiedene Versuche nachgewiesen, dass die elektrische Durchwirkung auch in atmosphärischer Luft stattfindet. Derselbe hat beobachtet, dass bis zu 2200 g Papier, d. h. etwa 200 Bogen (klein Concept), durch die aus einer oder mehreren Spitzen erfolgende Entladung des Stromes einer Doppelinfluenzmaschine gegen eine vertikalstehende Kupferplatte von 50 Centimeter Durchmesser gedrückt und daran festgehalten wurden. Bei der Anwendung von zwei Doppelinfluenzmaschinen waren unter Umständen zur seitlichen Verschiebung einer Lage von 10 Bogen Papier auf dieser Platte bis zu 22 kg erforderlich. Da nun der Reibungskoëffizient von Papier auf Kupfer ungefähr gleich 0,65 ist, so beträgt demnach der das Papier an der Platte festhaltende Druck 22 : 0,65 = 34 kg, also 0,017 kg pro qcm. Wenn der Abstand der Spitze von der Platte derselbe bleibt, so wird die Grösse des Druckes fast gar nicht geändert, wenn man zur Entladung zwei oder vier Spitzen anwendet oder auch die Influenzmaschinen nebeneinander kuppelt. Dagegen nimmt der Druck im luftverdünnten Raume proportional dem Luftdrucke ab; denn das getragene Papiergewicht ist dem Luftdrucke nahezu proportional. Dieser Umstand würde zu der Ansicht berechtigen, dass der Luftdruck, der beispielsweise durch Austreiben der Luft zwischen den Papierblättern rege gemacht worden ist, die Ursache der obigen Erscheinung ist. Diese Ansicht ist jedoch aus dem einfachen Grunde nicht haltbar, weil, Gleichheit der wirksamen Kräfte vorausgesetzt, durch den Druck der aus einem Ventilator ausströmenden Luft so kräftige Wirkungen nicht erzielt werden. Freilich werden die Papierblätter auch bei Anwendung des elektrischen

Stromes mit bedeutend geringeren Kräften festgehalten, wenn man sie auf ein weitmaschiges Drahtnetz legt; allein auch in diesem Falle sind die durch den elektrischen Strom erzeugten Druckkräfte erheblich grösser, als diejenigen eines durch einen Ventilator gegen die Papierfläche getriebenen Luftstromes. Ein Ventilator, dessen Öffnung eine Weite von 3 cm hatte, konnte durch den Luftstrom noch nicht einen so starken Druck wie die Influenzmaschine bewirken. Mit recht lässt sich daher aus den Beobachtungen von Obermayer die Schlussfolgerung ziehen, dass unter dem Einflusse der Spitzenentladung zwischen den die Elektricität fortpflanzenden Halbleitern und den Leitern, an welche sie die Elektricität abgeben, eine Druckwirkung durch die elektrischen Schwingungen in ähnlicher Weise wie bei dem oben besprochenen Crookesschen Apparat ausgeübt wird.

Wenn auch der Umstand, dass die Druckwirkung mit der Verdünnung der Luft geringer wird, mit der Erklärung derselben durch den Stoss der elektrischen Strahlen übereinstimmt, so dürften zur endgültigen Entscheidung dieser Frage noch eingehendere und umfassendere Versuche erforderlich sein, als bis jetzt angestellt worden sind.

Im Anschluss an diesen Versuch möchte ich noch das folgende interessante Experiment von Crookes erwähnen und beschreiben, da sich dasselbe zu genauen Messungen der elektrischen Druckwirkung ausserordentlich eignet und zugleich beweist, dass die zurückstossende Kraft der elektrischen Schwingungen sich nicht bloss auf die zusammenhängenden Atomkonglomerate fester Körper, sondern auch auf die einzelnen Atome und Moleküle erstreckt. Wenn nämlich der negative Pol eines Induktionsstromes durch eine luftleere Röhre hindurchgeht, so sieht man, dass denselben ein dunkler Raum umgiebt. Man findet, dass dieser dunkle Raum bei Veränderung des Grades der Luftverdünnung grösser oder kleiner wird und zwar in derselben Weise wie der Druck abnimmt oder wächst. Nun

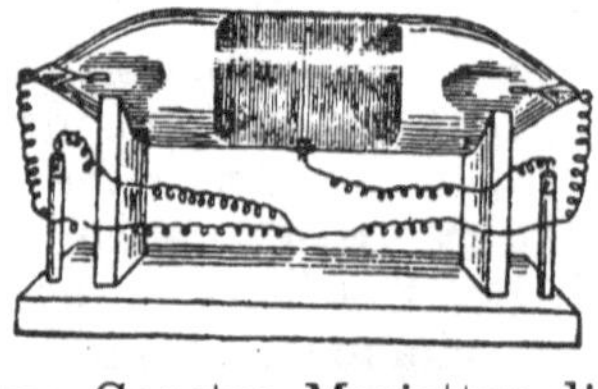

sind aber nach dem verbesserten Gesetze Mariottes die Drucke dem Zwischenvolumen umgekehrt proportional; folglich nimmt der dunkle Raum beim Durchgange des Induktionsstromes durch die Röhre in derselben Weise wie das Zwischenvolumen ab oder zu, derselbe macht also die aus der verbesserten Regel Mariottes erschlossene Zwischenvolumenänderung dem leiblichen Auge sichtbar. Auf welche Weise vermag jedoch der Induktionsstrom diese Wirkung hervorzubringen? Nach meinen Untersuchungen ist die Elektricität eine schwingende Bewegung des Äthers. Die einzelnen Moleküle des Gasresiduums können gemäss ihrem Absorptions- und Emissionsvermögen nur eine ganz bestimmte Strahlenmenge aufnehmen und weiter fortpflanzen. Wächst hingegen die auf sie ausgestrahlte Wellenmenge, so müssen sie ihre Temperatur oder besser die ihnen eigentümliche Schwingungsart ändern, wie man dies beim Bestrahlen fester Körper durch Wärmestrahlen genugsam beobachtet hat.

Die von dem Induktionsstrom ausgestrahlte Wellenmenge reguliert also den Vibrationszustand des zurückgebliebenen Gasresiduums. Die von den einzelnen Gasteilchen ausgesandten Wellen bestimmen die Entfernung der Teilchen untereinander und somit im Verein mit der von dem negativen Pol konstant ausgehenden Wellenmenge das relative Zwischenvolumen. Da nun der Induktionsstrom bei sämtlichen Versuchen von Crookes als konstant anzusehen ist, so wird das relative Zwischenvolumen, d. h. der dunkle Raum um den negativen Pol, lediglich durch die Dichte des zurückgebliebenen Gases oder richtiger durch die von den Gasteilchen ausgesandten Wellen, d. h. durch die Spannung des Gases bestimmt.

Je geringer die innere Spannung des Gases ist, um so grösser ist das Zwischenvolumen, um so grösser demnach auch der dunkle Raum. Die Moleküle werden durch die Reaktionswirkung zwischen den Wellen, welche von den einzelnen Molekülen und von dem Induktionspole ausgehen, von dem Pole zurückgestossen, weil die von demselben kommenden Wellen überwiegen, und müssen demnach selbst mehr zusammengedrängt werden. Da sie selbst, wie bereits bemerkt worden ist, in einen lebhaften Vibrationszustand versetzt worden sind, so erklärt sich ihr Leuchten in höchst einfacher Weise nach der Undulationstheorie des Lichtes. Der auf diese Weise gebildete dunkle Raum kann durch das Experiment sichtbar gemacht werden, wie die letzte Figur beweist.

Dass die von den materiellen Teilchen ausgehenden Ätherwellen wirklich einen Rückstoss bedingen, ergiebt sich aus den bereits besprochenen Radiometerbewegungen; denn die mechanischen Gesetze, welche für Atomkonglomerate gelten, müssen auch für die Bestandteile derselben, also für die einzelnen Moleküle und Atome, Gültigkeit behalten. Eine Bestätigung der hier vertretenen Ansicht erhält man auf einfache Weise dadurch, dass man bei konstant bleibendem Gasresiduum die Intensität des Induktionsstromes verändert. Es wird sich dann zeigen, dass das innerhalb der Grenzen, in welchen die vorstehenden Erscheinungen stattfinden, die Grösse des dunklen Raumes lediglich von der Spannung und Stärke des elektrischen Stromes abhängt. Es ist nur zu bedauern, dass Crookes mit seinen vorzüglichen Apparaten nur qualitative, aber nicht quantitative Versuche angestellt hat.

III. Durch den molekularen Druck, welcher von ausströmenden Ätherwellen erzeugt wird, werden natürlich die einzelnen Molekeln gerade an der Stelle, wo sich der Gegendruck derselben und derjenige der vom Pole kommenden Wellen das Gleichgewicht halten, eng zusammengedrängt sein und infolge der lebhafteren Vibrationen, in welche sie durch die absorbierten Wellen versetzt worden sind, ein intensives Leuchten bewirken.

Übrigens bedingt auch der positive Pol, der ebenfalls Wellen aussendet, ein Leuchten der daselbst zusammengedrängten Molekeln, wie dies auch in der vorstehenden Figur an den beiden leuchtenden Büscheln zu erkennen ist und besonders durch die Versuche deutscher Forscher im Anschluss an die Crookesschen Versuche nachgewiesen ist. — In Gefässen mit niederen Graden der Entleerung ist die Entfernung zwischen den einzelnen Molekeln bedeutend geringer, dieselben liegen darum dichter an- und hintereinander, und es lassen sich deshalb die Eigenschaften beobachten, welche dem gewöhnlichen Gaszustande der Materie angehören. Die Entladung der elektrischen Schwingungen kann in diesem Falle nur stossweise geschehen, wie bei dem Entladen der Leydener Flasche. Da die Molekeln wegen ihrer ausserordentlich grossen Zahl dicht an- und hintereinander gelagert sind, so werden naturgemäss hauptsächlich die ersten Molekelschichten die elektrischen Schwingungen absorbieren und in Schwingungen versetzt werden und dieselben nach allen Seiten hin wieder aussenden, wodurch sie sich selbst einerseits von dem Pol fortdrängen, andererseits aber auch in ähnlicher Weise auf die ihnen benachbarten Schichten einwirken müssen. Auf diese Weise erklärt sich auch die schichtförmige Verteilung der zurückgebliebenen Gasteilchen, welche von einzelnen dunklen Zwischenräumen getrennt sind.

Ich beschränke mich hier darauf, von den übrigen Eigenschaften der strahlenden Materie nur die Schattenbildung und die Konzentration der Strahlen durch kugelförmige Pole durch die folgenden leicht verständlichen Figuren zu kennzeichnen.

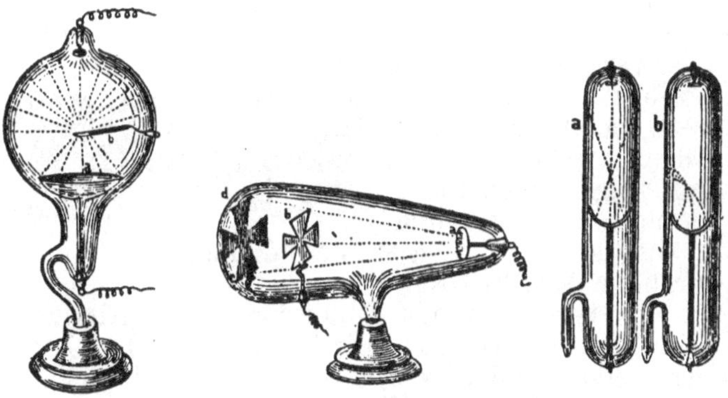

Ich möchte hier noch folgende Bemerkung machen: Da nach den oben angestellten theoretischen Erörterungen die von den Polen sowie von den einzelnen Molekeln ausgesandten Wellen die beobachteten Erscheinungen bedingen sollen und zwar durch Absorption und Emission, so muss ich, wenn diese Erklärung richtig sein soll, besonders im Hinblick auf den diesbezüglichen Fundamentalversuch von Crookes den experimentellen Nachweis führen, dass thatsächlich das Absorptions- und Emissionsvermögen der verdünnten Gase und damit auch der einzelnen Gasmolekeln dem Zwischenvolumen der Gase selbst oder dem durch den Induktionsstrom erzeugten dunklen Raume umgekehrt proportional ist. Nun ist aber in meinem Vortrage vor der Physikalischen Gesellschaft über Absorption und Emmission bewiesen worden, dass das Absorptions- und Emissionsvermögen für sämtliche bekannten Ätherschwingungen der brechenden Kraft direkt proportional, diese selbst aber dem Zwischenvolumen umgekehrt proportional ist. Hieraus folgt unmittelbar, dass thatsächlich das Absorptionsvermögen die geforderte Beziehung zum Zwischenvolumen besitzt und die von mir gegebene theoretische Erklärung der besprochenen Strahlungsvorgänge mit dem Experiment übereinstimmt. Betreffs der Konzentration der Strahlen durch hohlkugelförmige Pole, wie dies die beiden letzten Figuren zeigen, habe ich noch zu bemerken, dass dies nur darum möglich ist, weil die Metalle wegen der Grösse ihrer Brechnungsexponenten und wegen der davon abhängigen Grösse des Grenzwinkels der Brechung fast vollkommen normal zur Oberfläche Ätherwellen auszusenden vermögen, während die übrigen Wellen ins Innere total reflektiert werden. Nebenstehende Figur zeigt schematisch die totale Reflexion und die aus dem dichteren in das dünnere Medium ausgestrahlten Wellen.

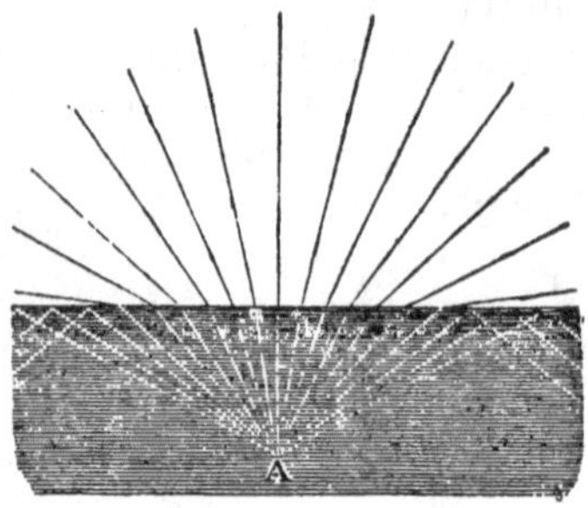

Wie bereits in der Einleitung dieses Abschnittes erwähnt worden ist, hat Herr Nicola Tesla die Crookesschen Versuche dadurch, dass er Wechselströme von ausserordentlich hoher Wechselzahl benutzte, auch in atmosphärischer Luft ohne Schwierigkeit wiederholt und so nicht nur höchst wunderbare Phänomene hervorgerufen, sondern auch die praktische Verwendung der Äthervibrationen der Elektricität angebahnt, namentlich aber der elektrischen Beleuchtung und Kraftübertragung ganz neue Bahnen eröffnet, deren weitere Verfolgung zu den glänzendsten und fruchtbringendsten Ergebnissen der modernen Technik zu führen verspricht. Veröffentlicht hat Tesla seine Forschungsergebnisse in „The Electrical Engineer“ am 8. Juli 1891 und darüber auch im Jahre 1892 am 18. Februar vor der „Société française de Physique“ zu Paris einen Vortrag gehalten, in welchem er seine hauptsächlichsten Versuche über die Wechselströme mit hoher Wechselzahl wiederholte. Berichtet ist hierüber in „La lumière électrique“. Da jedoch Tesla die Crookesschen Versuche sämtlich und zwar in vollkommener Form wiederholt hat, so beschränke ich mich, zumal da man zum Zwecke eines eingehenderen Studiums die soeben erwähnte Originalabhandlung im „Engineering“ zu Hilfe nehmen muss, an dieser Stelle nur darauf, auf die von ihm erzielten Lichtwirkungen kurz hinzuweisen. Auf Grund seiner Versuche hält Tesla das Bombardement des Knopfes seitens der in der Lampenbirne verbliebenen Luftteilchen für die bestimmende Ursache der Lichtwirkungen, wie dies auch nach Crookes bei dem in vorstehender Figur dargestellten Platinstückchen der Fall ist; ausserdem hängt das Leuchten des Knopfes noch von der Beschaffenheit der benutzten Substanz ab. Wenn drei Lampen mit je einem Knopfe hintereinander an je einem und demselben Draht befestigt werden, so leuchtet die mittlere stets schwächer als die beiden anderen, weil sie durch diese gegen die Kondensatorwirkungen geschützt wird. Bei einem anderen Versuch wird ein luftleerer Glascylinder mit einer sehr dünnen Metallschicht umgeben, während ein äusserer in der Mitte befindlicher Metallring mit einer der Klemmen der Spule in Verbindung steht. Gegen alle Erwartung leuchtet die Röhre unter dem Metall und beweist dadurch evident, dass die Elektricität bei gewissen Umständen das Metall zu durchdringen vermag. Zum Schluss zeigte Herr Tesla das Zukunftsideal der elektrischen Beleuchtung eines Raumes, indem er unter einem isolierten metallischen Plafond, der mit der einen Spulenklemme in Verbindung stand, luftleere Röhren legte

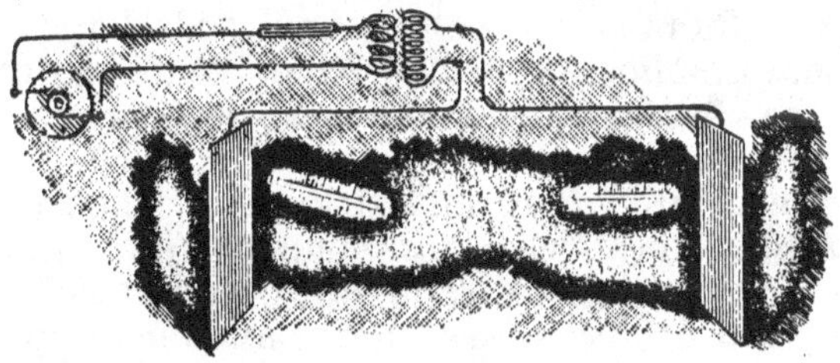

und so diese zum Leuchten brachte. Das Princip dieser neuen Art der elektrischen Beleuchtug erhellt aus der vorstehenden Figur, welche aus der Originalabhandlung Teslas im „Engineering“ vom 8. Juli 1891 entnommen ist.

Tesla erwartet mit vollem Recht von dieser Beleuchtung in der Zukunft glänzende Erfolge, da sie, was die Handhabung und Gefahrlosigkeit anbetrifft, die bisherige elektrische Art der Beleuchtung übertrifft und bei weiterer Vervollkommnung dieselbe umzugestalten geeignet zu sein scheint. Indessen bemerkt Tesla in Bezug auf diesen interessanten Versuch, dass erst die Zukunft endgültig darüber entscheiden könne, wie gross die praktische Anwendbarkeit dieses Princips sei und welche Tragweite demselben darum zugestanden werden müsse. Doch die technischen Erfinder werden diese wichtige Frage hoffentlich bald in Fluss und zum Austrag bringen.

Die Hoffnung Teslas, dass die Kathodenstrahlen in der Zukunft weittragende praktische Anwendungen zeitigen würden, hat sich, freilich auf einem anderen Gebiete, durch die wunderbare Entdeckung der X-Strahlen durch Professor Röntgen in glänzender Weise erfüllt; denn diese Strahlen, welche durch die Kathodenstrahlen in der Röhrenwand einer Hittorfschen Vakuumröhre oder eines genügend evakuierten Lenardschen, Crookesschen oder ähnlichen Apparates entstehen, versprechen in erster Linie nach den bisher angestellten Versuchen der Medizin die wichtigsten Dienste zu leisten. Bevor ich zur theoretischen Betrachtung der X-Strahlen übergehe, lasse ich hier nur eine kurze Bemerkung über die Röntgenschen Versuche nach seiner vorläufigen Mitteilung in den „Sitzungsberichten der Würzburger Phys.-medizin. Gesellschaft 1895 wörtlich folgen:

„1. Lässt man durch eine Hittorfsche Vakuumröhre oder einen genügend evakuierten Lenardschen, Crookesschen oder ähnlichen Apparat die Entladung eines grösseren Ruhmkorffs gehen und bedeckt die Röhre mit einem ziemlich eng anliegenden Mantel aus dünnem, schwarzem Karton, so sieht man in dem vollständig verdunkelten Zimmer einen in die Nähe des Apparates gebrachten, mit Bariumplatincyanür angestrichenen Papierschirm bei jeder Entladung hell aufleuchten, fluoreszieren, gleichgültig, ob die angestrichene oder die andere Seite des Schirmes dem Entladungsapparat zugewendet ist. Diese Fluoreszenz ist noch in 2 m Entfernung vom Apparat bemerkbar.

Man überzeugt sich leicht, dass die Ursache der Fluoreszenz vom Entladungsapparat und von keiner anderen Stelle der Leitung ausgeht.

2. Das an dieser Erscheinung zunächst Auffallende ist, dass durch die schwarze Kartonhülse, welche keine sichtbaren oder ultravioletten Strahlen des Sonnen- oder des elektrischen Bogenlichtes durchlässt, ein Agens hindurchgeht, das im stande ist, lebhafte Fluoreszenz zu erzeugen, und man wird deshalb wohl zuerst untersuchen, ob auch andere Körper diese Eigenschaft besitzen.

Man findet bald, dass alle Körper für dasselbe durchlässig sind, aber in sehr verschiedenem Grade."

Die diesbezüglichen Beobachtungen Röntgens sind in der weiter unten folgenden Tabelle zusammengestellt. Auf einen ausführlichen Bericht über die mit den X-Strahlen angestellten Versuche verzichte ich, da dieselben bekannt sein dürften.

Zu den erwähnten Mitteilungen Röntgens möchte ich bemerken, dass dieselben durch ihre hohe Bescheidenheit und reine Wissenschaftlichkeit mit den marktschreierischen Berichten über die Resultate, welche seine Nachahmer mit den X-Strahlen erzielt haben, in dem denkbar grössten Gegensatz stehen. Ich habe unter den sämtlichen mir bekannt gewordenen Experimenten dieser Art den Parallelversuch vermisst, ob nicht auch das durch die Sonnenstrahlen erzeugte Fluoreszenzlicht ähnliche Wirkungen wie die X-Strahlen hat, also mit andereren Worten ebenfalls X-Srahlen enthält. Da ich selbst nicht photographiere, habe ich eine derartige Photographie mit gewöhnlichem Fluoreszenzlicht auf lichtempfindlichem Papier herstellen lassen. Die Konturen des nach einer Exponierung von 20 Minuten erhaltenen Negativsl assen trotz der Schwäche des Bildes erkennen, dass die Fleischteile der Hand für das Fluoreszenzlicht durchlässiger als die Knochen derselben sind. Indessen lege ich auf diesen provisorischen Versuch noch keinen Wert; ich gedenke vielmehr das Resultat weiterer Versuche abzuwarten, welche methodisch nach Röntgens Verfahren, also durch Zwischenschaltung dünner für die X-Strahlen durchlässiger Platten, mit gewöhnlichem Fluoreszenzlicht angestellt werden sollen. Die diesbezüglichen Versuche dürften, mögen dieselben nun ein positives oder negatives Resultat ergeben, bei der Untersuchung über die Natur der X-Strahlen einiges Interesse verdienen; es wäre daher wünschenswert, wenn auch von anderer Seite in dieser Richtung mit besserem Material Versuche angestellt würden.

Brechung und Fortpflanzungsgeschwindigkeit.

Aus der Undulationstheorie folgt, dass der Quotient aus den Brechungsexponenten n_i, n_r, beim Übergang der Wellen aus dem Medium i in das Medium r das umgekehrte Verhältnis der Fortpflanzungsgeschwindigkeiten der Ätherwellen im ersten und zweiten Medium angiebt. Bezeichnet man demnach die Geschwindigkeit der Ätherwellen in dem ersten Medium mit c_i und in dem zweiten mit c_r, so besteht die Gleichung

$$\frac{c_i}{c_r} = \frac{n_r}{n_i}$$

Dass für die Fortpflanzungsgeschwindigkeiten der Licht- und Wärmestrahlen diese Formel in der That gilt, hat Foucault im Jahre 1854 durch seine bekannten Versuche über die Fortpflanzung jener Wellen in Luft und Wasser nachgewiesen. Umgekehrt bietet aber diese Beziehuung ein bequemes Mittel, die Brechungsexponenten aus der Fortpflanzungsgeschwindigkeit der Ätherwellen in verschiedenen Medien zu bestimmen. Namentlich verdient diese Bestimmungsmethode in den Fällen, in welchen die gewöhnlichen optischen Methoden ihren Dienst versagen, eine ganz besondere Berücksichtigung und Wertschätzung, wie beispielsweise bei der Bestimmung der Brechungsexponenten der Metalle für die Ätherwellen und vor allem für die Elektricitäts- und X-Strahlen; denn, während man in diesem Falle nach den bisher gebräuchlichen Methoden zu von einander höchst abweichenden Resultaten gelangt — ich weise nur auf die einander direkt widersprechenden Brechungsexponenten für Silber von Kundt, Drude und Wernicke hin —, erhält man aus den Fortpflanzungsgeschwindigkeiten der elektrischen Wellen Werte, die mit den Grundgesetzen der Vibrationstheorie gut übereinstimmen.

Nach den in „La Lumière Elektrique“, T. XXXIV, p. 240 angegebenen Beobachtungen ist das Verhältnis der Fortpflanzungsgeschwindigkeiten des Stromes in einer gewöhnlichen Eisenleitung und in einer unterseeischen Kabelleitung aus Kupfer gleich $\frac{11600}{4000}$, d. h. die auf den luftleeren Raum bezogenen Brechungsexponenten von Kupfer und Eisen verhalten sich rund zu einander wie 12 : 4 oder wie 3 : 1. Nach den genauen Beobachtungen von Feddersen, Pogg. Ann. Bd. 116, beträgt die Geschwindigkeit des elektrischen Stromes einer Batterie in Kupferdrähten 4000 bis 6000 km in der Sekunde, während Miesler in seiner bekannten Arbeit über diesen bekannten Gegenstand (Bericht d. Wiener Akad. 1890) für die Geschwindigkeit des elektrischen Stromes in Messingdrähten den um etwas mehr als das Doppelte höheren Wert 16000 km fand. Hieraus ergiebt sich für das Verhältnis der Brechungsexponenten des Kupfers und Messings der Zahlenwert $\frac{16000}{6000} = \frac{8}{3}$. Da sich nun nach Obigem die Brechungsexponenten des Kupfers und des Eisens wie 3 : 1 verhalten, so folgt aus diesen Proportionen, dass sich die Brechungsexponenten von Messing und Eisen wie 9 : 8 verhalten, was mit den Beobachtungen von Drude stimmt. Der Brechungsexponent des Kupfers verhält sich zu demjenigen der Luft wie 300 000 : 4000, derselbe ist also, wenn man denjenigen der Luft gleich 1 annimmt, für Kupfer 75, für Messing 28, für Eisen 25.

Aus den vorstehenden Darlegungen folgt, dass auch die elektrischen Wellen, was für die elektrische Wellentheorie von wesentlicher Bedeutung ist, dem Brechungsgesetz von Snellius gehorchen. Aus der Snelliusschen Gleichung

$$\frac{\sin i}{\sin r} = n$$

erhält man

$$\frac{\sin i}{n} = \sin r.$$

Da nun aber der Einfallswinkel i nicht grösser als 90° werden kann und $\sin 90^0 = 1$ ist, so kann sin r nicht grösser, sondern höchstens gleich $\frac{1}{n}$ werden. Der Brechungswinkel r kann also nie über den Grenzwert hinauswachsen, der diesem Wert des Sinus entspricht. Derselbe wird darum der Grenzwinkel der Brechung genannt. Geht aber umgekehrt ein Strahl aus dem dichteren in das dünnere Medium über, so erreicht der Brechungswinkel schon dann, wenn man den Einfallswinkel gleich dem Grenzwinkel setzt, seinen grössten Wert von 90°. Für grössere Werte des Einfallswinkels ergiebt die Formel $\sin i = n \sin r$ für den Sinus des Brechungswinkels Werte, welche grösser als 1 sind und zu welchen kein Winkel gehört. Es kann daher in diesem Falle überhaupt kein Wellenstrahl aus dem dichteren in das dünnere Medium übertreten; der Strahl wird vielmehr an der Grenzfläche vollständig in das Innere des dichteren Mittels zurückgeworfen oder total reflektiert.

Man kann in dieser Hinsicht zum besseren Verständnis auf einen bekannten analogen Vorgang der Optik hinweisen. Sieht man nämlich von einem Punkte A aus unter Wasser in die Höhe, so gehen die Sehstrahlen nur zum Teil aus dem Wasser heraus; man sieht nur in einem kreisrunden Feld die Gegenstände über dem Wasser, rund herum aber die Gegenstände auf dem Boden des Wassers durch total reflektierte Strahlen. Wächst der Brechungsexponent n, so wird der Grenzwinkel und damit das kreisrunde Feld immer kleiner, so dass bei grossen Brechungsexponenten, wie sie die Metalle besitzen, die wirklich ausgesandten Strahlen fast normal zur Oberfläche austreten und somit die von Crookes bewirkte Konzentration der Kathodenstrahlen erklärlich ist.

Da die Strahlen den Umfang des Drahtes oder eines cylindrischen Stabes unter mehr oder weniger geneigten Winkeln treffen, so müssen sie den Draht oder Stab sozusagen in einer Zickzacklinie von der oberen Grundfläche bis zur unteren durchlaufen und an der letzteren, wenn dies möglich ist, wieder aus dem leitenden Körper heraustreten oder erst dort wieder umkehren, denn eine vorherige Umkehr ist wegen des Reflexionsgesetzes nicht möglich.

Die hier angenommene Auffassung von dem Wesen der Elektricität erklärt in ganz einfacher und natürlicher Weise die beobachtete Thatsache, dass der eigentliche Sitz der Elektricität die Oberfläche der Körper ist, dass sie hauptsächlich an dieser wirksam und sichtbar wird. Denn nach derselben müssen ja die Wellen längs ihres Hindernisses, der Körperoberfläche, sich hinbewegen, da sie im Innern selbst sich gegenseitig aufheben, bezüglich durchkreuzen und nur an der Oberfläche in einseitiger Weise zur Wirkung kommen können. Ebenso lässt sich unter der obigen Hypothese das leichte und vorzugsweise Ausströmen der Elektricität aus den Spitzen der Leiter recht wohl begreifen. Denken wir uns nämlich einen möglichst spitzen Kegel, dessen Vertikalschnitt das gleichschenklige Dreieck ABC sein mag, und nehmen wir an, dass die Grundfläche AB bestrahlt werde; dann müssen die Wellen schon, wenn der Brechungsexponent der Kegelsubstanz gleich 2 oder grösser ist, nach ihrem Eintritt von dem Kegelmantel fast sämtlich nach dem Innern und der Spitze zu total zurückgeworfen werden und schliesslich in der Spitze zusammenlaufen, da infolge des Reflexionsgesetzes, dass der auffallende Strahl und der abgelenkte Strahl mit dem Einfallslote denselben Winkel bilden müssen, ein Zurücklaufen nicht eintreten kann.

Zurück können die Strahlen nicht, aber hinzu kommen immer mehr neue, welche die früheren verstärken und auf diese Weise in der Spitze eine solche Menge ansammeln oder eine solche Kraft und Spannung erlangen, dass sie die Spitze durchsetzen, indem sie eben dem ihren weiteren Laufe entgegenstehenden Widerstand überwinden. Dadurch, dass die elektrischen Wellen in der Spitze sich zusammendrängen, wird zunächst eine Erhöhung der Temperatur bewirkt und somit der Brechungsexponent vermindert. Die Verkleinerung des Brechungsexponenten hat aber nach der obigen Darlegung die unmittelbare Folge, dass ein grösserer Bruchteil der elektrischen Schwingungen austreten kann und daher momentan die Elektricitätsmenge in der Spitze geschwächt und dadurch wieder eine augenblickliche Verminderung der Temperatur bedingt wird. Hierdurch wird jedoch von neuem der Abfluss der Wellen so lange gehemmt, bis infolge der Temperatursteigerung in der Spitze wiederum eine gewisse Wellenmenge austreten kann und so fort in stetigem Wechsel. Danach muss der Übergang des überspringenden elektrischen Funkens ein ruck- und stossweiser sein, der elektrische Funke demnach aus einzelnen hin- und hergehenden Oskillationen bestehen.

In ganz gleicher Weise lässt sich auch der umgekehrte Vorgang, die Saugwirkung der Spritzen erklären.

Beziehung des Exstinktionskoëffizienten zur brechenden Kraft.

Nach der Absorptionstheorie Sellmeiers ist die Intensität der absorbierten Strahlen

$$J = (n^2 - 1) \cdot \frac{2\pi^2}{\tau^2} \cdot m^1 (a^1)^2.$$

Bezeichnet man nun die Intensität der wirklich in die Schicht eingedrungenen Strahlen, d. h. der absorbierten und hindurchgegangenen, mit J_0, so ist, wenn bei der angenommenen Schichtdicke $^1/_{10}$ der Strahlen ungehindert hindurchgeht,

$$J = 0{,}9\, J_0 = (n^2 - 1) \cdot \frac{2\pi^2}{\tau^2} \cdot m^1 (a^1)^2.$$

Die absorbierte Strahlenmenge kann man jedoch auch erhalten, indem man den sogenannten Schwächungskoëffizienten bestimmt, d. h. den Bruchteil der eingetretenen Strahlen, welcher in einer Schicht von der Dicke $1/\alpha$ zurückgehalten wird. Wenn der Schwächungskoëffizient a ist, so wird nach Kirchhoff die Intensität J nach Durchstrahlung einer Schicht von h mm gleich $J_0 a^h$ sein. Nennt man nun die Dicke der Schicht, in welcher die Intensität der Strahlen auf 0,1 geschwächt wird, $\frac{1}{\alpha}$, so ist ferner

$$0{,}1\, J_0 = J_0\, a^{\frac{1}{\alpha}};\ 10^{-1} = a^{\frac{1}{\alpha}};\ 10^{-\alpha} = a$$

oder

$$J^1 = J_0\, 10^{-\alpha h} = J_0 \cdot e^{-m\alpha h},$$

wenn hierin e die Basis des natürlichen Logarithmensystems und m der natürliche Logarithmus von 10 ist. Da J^1 die durchgelassene Strahlenmenge bedeutet, so erhält man die zurückgehaltene dadurch, dass man J^1 von J_0 subtrahiert. Demnach ist

$$J = J_0 - J_1 = J_0 - J_0 \,.\, e^{-m\alpha h} = J_0\, (1 - e^{-m\alpha h}).$$

Nun ist aber

$$e^{-m\alpha h} = 1 - m\,\alpha\, h + \frac{m^2\alpha^2h^2}{1\,.\,2} - \frac{m^3\alpha^3h^3}{1\,.\,2\,.\,3} + - \ldots;$$

folglich ist

$$J = J_0 \left(1 - 1 + m\,\alpha\, h - \frac{m^2\alpha^2h^2}{1\,.\,2} + \frac{m^3\alpha^3h^3}{1\,.\,2\,.\,3} - + \ldots\right)$$

oder

$$J = J_0\, m\alpha h,$$

wenn man die Glieder mit höheren Potenzen von h, da α konstant und h beliebig klein gemacht werden kann, vernachlässigt.

Die beiden für J ermittelten Werte sind also

$$J = (n^2 - 1) \cdot \frac{2\pi^2}{\tau^2} \cdot m^1\, (a^1)^2$$

und

$$J = J_0\, m\alpha h.$$

Durch Gleichsetzung derselben erhält man

$$(n^2 - 1)\, \frac{2\pi^2}{\tau^2} \cdot m^1\, (a^1)^2 = J_0 \cdot m\alpha h,$$

oder

$$\frac{n^2 - 1}{\alpha} = \frac{J_0 \cdot mh \cdot \tau^2}{2\pi^2 \,.\, (a^1)^2 \,.\, m^1}.$$

Da die Grössen der rechten Seite — J_0 und h sind willkürlich — nach obigen Darlegungen als konstant zu betrachten sind, so ist der Quotient $\frac{n^2-1}{\alpha}$ eine konstante Grösse, also

$$\frac{n^2-1}{\alpha}=C \text{ oder } n^2-1=C.\alpha,$$

d. h. die brechende Kraft eines Mittels ist der Grösse α, dem sogenannten Exstinktionskoëffizienten, direkt proportional. Bezeichnet man nun, um diese theoretische Schlussfolgerung zunächst für die elektrischen Schwingungen zu prüfen, den Exstinktionskoëffizenten des Chlorgases mit α, den des Silbers mit α_1 und die brechenden Kräfte bezüglich mit n^2-1 und $n_1{}^2-1$, so muss sich

$$n^2-1:\alpha=n_1{}^2-1:\alpha_1$$

verhalten. Es ist also

$$\alpha_1=\frac{(n_1{}^2-1).\alpha}{n^2-1}.$$

Hieraus folgt, dass die unmittelbare Wirkung der Ätherstrahlen im festen Körper thatsächlich nur in sehr kleiner Entfernung stattfindet und die diesbezügliche Annahme der mathematischen Theorie vollkommen berechtigt ist. Nach den Versuchen von Hertz sind aber die Schichtdicken, bei welchen die Metalle für die elektrischen Schwingungen durchlässig sind, dieselben wie die von Wien und anderen für die Lichtstrahlen ermittelten Werte. Hieraus ergiebt sich ohne weiteres, dass die Theorie der Wärmeleitung für die Leitung der Elektricität gelten muss, dass demnach das Leitungsvermögen dem Exstinktionskoëffizienten und damit ebenfalls der brechenden Kraft direkt proportional ist, dass also, wenn man mit L, bezüglich L_1 das Leitungsvermögen bezeichnet,

$$L:L_1=n^2{}_{-1}:n_1{}^2{}_{-1}$$

sich verhält.

Prüfung der theoretischen Schlussfolgerungen.

Aus den Beobachtungen von V. v. Lang (Pogg. Ann. Bd. 153, S. 465) und Landolt ergiebt sich, dass die brechende Kraft der absoluten Temperatur umgekehrt proportional ist, dass also bei demselben Körper sich verhält

$$n_0^2 - 1 : n^2 - 1 = \frac{1}{T_0} : \frac{1}{T_t};$$

folglich ist auch bei demselben Körper mit Benutzung der vorletzten Gleichung

$$L_0 : L_t = \frac{1}{T_0} : \frac{1}{T_t},$$

d. h. das Leitungsvermögen ist der absoluten Temperatur umgekehrt proportional.

Nun ist aber das Leitungsvermögen dem Leitungswiderstand umgekehrt proportional; folglich verhält sich

$$\frac{1}{W_0} : \frac{1}{W_t} = \frac{1}{T_0} : \frac{1}{T_t}$$

oder

$$W_0 : W_t = T_0 : T_t.$$

In Worten heisst dies, dass der Leitungswiderstand der absoluten Temperatur direkt proportional ist. Dies aus der Wellentheorie abgeleitete Gesetz ist bereits von früheren Forschern auf experimentellem Wege gefunden worden. Schon Clausius hat auf Grund der Untersuchungen von Arendtsen über den galvanischen Leitungswiderstand der Metalle bei verschiedenen Temperaturen die Vermutung ausgesprochen, dass der Leitungswiderstand der einfachen Metalle im festen Zustande der absoluten Temperatur nahezu proportional sei, also für 1^0 C. im Mittel 0,0037 betrage (Pogg. Ann. Bd. 103, S. 650, 1858). Die Berechtigung dieser Vermutung hat Werner von Siemens in seiner im Jahre 1861 in Pogg. Ann. veröffentlichten Abhandlung über die Widerstandsmasse und die Abhängigkeit des Leitungswiderstandes der Metalle von der Temperatur nachgewiesen und die vorhandenen Abweichungen bei einzelnen festen Metallen als Folgen von Verunreinigungen erklärt. Die Ansicht desselben, dass auch das Quecksilber, welches in flüssigem Zustande eine entschiedene Ausnahme macht, im starren Zustande und in genügendem Abstande vom Schmelzpunkte sich in seinem Verhalten betreffs des Leitungswiderstandes den anderen Metallen anschliessen werde, ist durch die nur wenig von einander abweichenden Beobachtungen Dr. Grunmachs und Dr. Webers über das Leitungsvermögen des festen Quecksilbers vollständig bestätigt worden.

Um die elektrische Wellentheorie, welche sich bisher in Übereinstimmung mit der Erfahrung erwiesen hat, noch weiter zu prüfen, habe ich mit Hilfe der letzten aufgestellten Formeln

$$(1) \qquad L : L_1 = n^2 - 1 : n_1^2 - 1$$

aus dem elektrischen Leitungsvermögen der flüssigen Metalle (nach Wiedemanns „Lehre von der Elektricität") die Brechungsexponenten berechnet, indem ich für den Brechungsexponenten des Kupfers den aus den Fortpflanzungsgeschwindigkeiten der elektrischen Schwingungen sich ergebenden Wert 75 und für $1/\alpha$ bei Silber den obigen Wert 3.10^{-5} mm als Norm benutzte. Aus den so erhaltenen Exponenten habe ich die reciproken Werte der übrigen Exstinktionskoëffizienten $\frac{1}{\alpha}$ berechnet und mit den Beobachtungswerten, soweit dieselben vorhanden sind, verglichen.

Stoffe	$\frac{1}{\alpha}$ ber.	$\frac{1}{\alpha}$ beob. Wien	Fortpflanzungsgeschwindigkeit c
Ag	3.10^{-5} mm	3.10^{-5} mm	?
Cu	4.10 „	?	4000 km
Au	5.10 „	5.10^{-5} „	?
Al	9.10 „	?	?
Zn	11.10 „	?	?
Fe	20.10 „	36.10^{-5} „	12000 „
Pt	27.10 „	?	?
Pb	37.10 „	?	?
Luft	$3{,}7.10^{+2}$ „	kleiner als 10^3 mm nach Langley	300000 „
O	4.10 „		
H	7,8.10 „		
N	5,3.10 „		
Cl	1,4.10 „	$1{,}7.10^{+2}$ mm (Roscoe-Bunsen)	

Leider habe ich zur Prüfung der Theorie keine weiteren Beobachtungen über elektrische Wellen in der Litteratur finden können.

Die mittelst der Prismenmethode bestimmten Brechungsexponenten der Metalle habe ich bei den elektrischen Schwingungen absichtlich nicht zum Vergleich herangezogen, weil ich diese Methode bei so stark absorbierenden Medien wie die Metalle nach der Theorie nicht für brauchbar halte, wie ja auch dadurch bestätigt wird, dass die von verschiedenen Forschern angestellten Versuche bei demselben Metall, wie beispielsweise Silber, um das 30dreifache von einander abweichende Zahlenwerte ergeben haben. Es liegt übrigens gar kein Grund vor, in denjenigen Fällen, in welchen sich die Fortpflanzungsgeschwindigkeit der Ätherwellen bequem bestimmen lässt, die oben aus der Wellentheorie abgeleitete Gleichung

$$\frac{n_i}{n_r} = \frac{c_r}{c_i}$$

zur Ermittelung der Brechungsexponenten nicht verwerten zu sollen, denn diese Methode hat ebenso viel Berechtigung wie die bisher übliche Prismen- oder Gittermethode.

Nunmehr komme ich zur Behandlung der Frage, ob die für Licht-, Wärme- und Elektricitätsstrahlen gültige Absorptionstheorie der Ätherschwingungen auch für die neuentdeckten X-Strahlen Geltung hat oder nicht. Da diese Theorie ganz allgemein für Ätherschwingungen, ganz gleichgültig, ob dieselben transversal oder longitudinal sind, aufgestellt worden ist, so liegt die Vermutung nahe, dass auch die Röntgenschen Strahlen, soweit es sich um deren Schwächung beim Durchgang durch absorbierende Medien handelt, nach dem aus dieser Theorie abgeleiteten Gesetz absorbiert werden. In dieser Ansicht bestärkt mich besonders der Umstand, dass das Resultat derselben im grossen und ganzen den Beobachtungen von Christiansen und Kundt über anormal dispergierende Medien entspricht. Da es sich bei der Prüfung für die X-Strahlen nur um relative Grössen handelt, so kann ich zum Vergleich die von Landolt, Kundt und Drude beobachteten Brechungsexponenten zum Glück benutzen, da die Fortpflanzungsgeschwindigkeit der Lichtstrahlen in diesen Stoffen direkt nicht beobachtet werden kann. Nach der Wellentheorie muss sich, wie oben abgeleitet wurde, verhalten

$$n^2 - 1 : n_1^2 - 1 = \alpha : \alpha_1,$$

oder

$$n^2 - 1 : n_1^2 - 1 = \frac{1}{\alpha_1} : \frac{1}{\alpha},$$

d. h. die brechenden Kräfte sind den Schichtdicken umgekehrt proportional, wenn das eintretende und austretende Licht gleiche Intensität besitzen. In der nachfolgenden Tabelle sind die brechenden Kräfte mit den Schichtdicken, welche Röntgen beobachtet hat, verglichen worden.

	Dicke	Relative Dicke d.	Brechungsexponent	Kraft n^2-1	$d.(n^2-1)$
Pt	0,018 mm	1	3,8	14,44	14,44
Pb	0,05 „	3	2,4	4,8	14,4
Zn	0,10 „	6	2	3	18

Der von Röntgen für das Aluminium gefundene Wert hat aus dem Grunde keine Beachtung finden können, weil nach dem von Röntgen angestellten Versuche das Aluminium selbst von den Kathodenstrahlen in Fluoreszenz versetzt werden konnte und dieses vielleicht nicht chemisch rein gewesen ist, wie dies ja bei dem käuflichen Aluminium meistens der Fall ist. Bei Platin, Blei und Zink ist die Beziehung der Schichtdicke zur brechenden Kraft unverkennbar, so dass die Vermutung nahe liegt, dass auch für die übrigen Metalle, sofern sie nicht etwa durch fluoreszierende Stoffe verunreinigt sind, das von mir aufgestellte Gesetz gelten dürfte. Es wäre daher wünschenswert, dass für die übrigen Metalle, wie Zinn, Eisen, Kupfer, Gold und Silber die fraglichen Schichtdicken beobachtet würden, da bisher für diese Stoffe keine wissenschaftlich brauchbaren Beobachtungswerte vorhanden sind.

Die von Röntgen angeführten Merkmale der X-Strahlen würden dazu veranlassen können, dieselben für die Strahlen des erzeugten Fluoreszenzlichtes zu halten, da sie nach der obigen Tabelle demselben Absorptionsgesetz wie diese gehorchen, ferner ebenso wie diese eine geringere Brechbarkeit als die gewöhnlichen sie erzeugenden Lichtstrahlen besitzen. Das fluoreszierende Licht besitzt nämlich immer eine geringere Brechbarkeit, also eine grössere Undulationsdauer, wie das ankommende Licht, weil die Molekularvibrationen nur dann von der ankommenden Bewegung des Äthers erhalten werden können, wenn letztere eine kürzere Schwingungsdauer als erstere besitzt. Die Entscheidung der bezüglichen Frage in bejahendem oder verneinendem Sinne hängt davon ab, ob das gewöhnliche Fluoreszenzlicht nicht dieselben Wirkungen wie die X-Strahlen hervorzubringen vermag, ob also die Fluoreszenzstrahlen andere Phosphore ebenfalls zum Selbstleuchten zu bringen vermögen und ob sie ebenfalls, wie nach dem Kirchhoffschen Absorptions- und Emissionsgesetz wahrscheinlich ist, die verschiedenen Medien ohne merkliche Brechung und Absorption durchdringen können. Auf theoretisch-analytischem Wege diese Frage entscheiden zu wollen, ist zwecklos; für derartige Spekulationen müssen erst genaue und vielseitige Beobachtungen eine sichere Grundlage schaffen. Ich übergehe daher die Besprechung des Einflusses der Schwingungen der Körpermoleküle auf die Absorption der Ätherstrahlen und führe hier zum Schluss nur noch die betreffende Gleichung

$$w = (n^2 - 1) \frac{2\pi^2}{\tau^2} m' (a')^2 = \frac{2\pi^2}{\tau^2} \sum \mu \frac{\tau^2}{\tau^2 - \vartheta^2} a_0^2$$

mit dem Bemerken an, dass dieselbe, sobald erst weitere Beobachtungen vorhanden sind, eine gesetzmässige Erklärung derselben gestatten wird. In der letzten Gleichung ist a_0 die Amplitude der Körpermoleküle in der Gleichgewichtslage, $\frac{\tau^2}{\tau^2 - \vartheta^2} a_0^2$ die Schwingungs-Amplitude der Körperteilchen selbst und μ die Masse eines solchen Körperteilchens.

Neue Bahnen hat Röntgens Glück und Geschick den Kennern der Physik eröffnet und zugänglich gemacht; hoffen wir, dass es seinem Scharfblick auch noch gelingt, die Natur seiner X-Strahlen in klarem Lichte erscheinen zu lassen.

Weiterer Ausbau der Theorie.

In dem ersten Theile habe ich nur die wichtigsten theoretischen Schlussfolgerungen veröffentlicht, welche eine einheitliche Behandlung aller Aetherschwingungen vom Standpunkte der Sellmeierschen Absorptionstheorie angebahnt und in der Hauptsache für die Licht-, Elektrizitäts- und Röntgen-Strahlen ermöglicht haben. Der Kernpunkt dieser Auseinandersetzungen beruht einerseits auf der Ableitung der Maxwellschen Grundgleichungen aus der Sellmeierschen Absorptionstheorie sowie auf der Begründung und Vertiefung des elektrodynamischen Grundgesetzes von W. Weber mit Hülfe des in der Akustik und Optik allseitig anerkannten Dopplerschen Prinzips, andererseits sind die gebrachten Erklärungen der verschiedenartigen Wirkungsformen der Aetherschwingungen durch die Entwickelung einer Vibrationstheorie der Gase und somit durch eine mechanisch verständliche Ableitung der Wirkungen der strahlenden Materie, d. h. derjenigen Vorgänge, welche in den bekannten Hittorfschen Röhren auftreten, nach jeder Richtung hin gesichert worden. Im Anschluss an diese Erscheinungen wurden sodann durch Uebertragung des Dopplerschen Prinzips auf die Schwerkraftstrahlen die Bethätigungsgesetze der Schwerkraft und vor allen Dingen die Fortpflanzungsgeschwindigkeit derselben ermittelt und in einer besonderen Abhandlung dargelegt. („Die Bestimmung der Fortpflanzungsgeschwindigkeit der Schwerkraftsstrahlen und deren Wirkungsgesetze,“ Verlag von M. Krayn, Berlin). Dieser kurze Hinweis mag hier genügen, da es sich lediglich um eine eingehendere theoretische Erklärung der Röntgen- und Kathodenstrahlen handelt, die wegen ihres inneren Zusammenhanges nicht gesondert betrachtet werden können.

Was die Theorie anbelangt, so muss ich auf die Auseinandersetzungen auf S. 19 zurückgreifen. Die dort aufgestellten Gleichungen sind

A. $$T = \frac{K}{8\pi}(P^2 + Q^2 + R^2),$$

B. $$V = \frac{1}{8\pi u}(a^2 + b^2 + c^2),$$

$$B^1.\ V = \frac{1}{2u}\left\{\frac{(dF)^2 + (dG)^2 (dH)^2}{(2\sqrt{\pi})^2} - \frac{\frac{dF}{dx} + \frac{dG}{dy} + \frac{dH}{dz}}{(2\sqrt{\pi})}\right\}.$$

Nach der Potentialtheorie ist aber. da die uns bekannten Naturkräfte bezw. die dieselben bedingenden Aetherschwingungen im umgekehrten Quadrate der Entfernung abnehmen, das zweite Glied auf der rechten Seite der Gleichung (B^1)

$$\frac{dF}{dx} + \frac{dG}{dy} + \frac{dH}{dz} = o$$

für alle ausserhalb des wirksamen Körpers gelegene Punkte, wie ja ausführlich auch von Maxwell in „A Treatise on Electricity and Magnetism" Vol. I, S. 21 ff. begründet worden ist. Für alle Strahlungserscheinungen, welche hier in Frage kommen, trifft diese Bedingung zu; folglich erhält man mit Rücksicht hierauf aus der Gleichung B^1

$$V = \frac{1}{2u}\ \frac{(dF) + (dG)^2 + (dH)^2}{(2\sqrt{\pi})^2},$$

während nach Sellmeier, wie a. a. O. abgeleitet worden ist,

$$V = \frac{(n^2 - 1)\ c^2}{2\ l^2} \cdot (2\ \pi\ a^1)^2 = \frac{(n^2 - 1)\ c^2}{2} \cdot \left(\frac{2\ \pi\ a^1}{l}\right)^2$$

ist. Diese Gleichungen sind identisch, wenn

$$\frac{1}{u} = (n^2 - 1)\ c^2,\ \text{bezw.} \frac{1}{u} = \frac{(n^2 - 1)}{l^2}\ c^2\ \text{ist.}$$

Es ist aber nach S. 15 Z. 17 v. o. die Geschwindigkeit im freien Aether (Lichtgeschwindigkeit)

$$V = n\,c,\ \text{also}\ c = \frac{V}{n};$$

folglich erhält man durch Einsetzen dieses Werthes in die Beziehung $\frac{1}{u} = (n^2 - 1) \,.\, c^2$ die neue Gleichung $\frac{1}{u} = \frac{n^2 - 1}{n^2} \cdot V^2$. Nun ist aber u, die sogenannte magnetische Permeabilität, wenn man Eisen, Nickel und Kobalt ausnimmt, für alle Stoffe gleich 1; folglich ergiebt sich in diesem Falle, d. h. bei fast vollkommener Durchstrahlungsfähigkeit der Schwingungen oder bei nahezu vollständiger Durchlässigkeit der Stoffe für dieselben,für den Brechungsexponenten die Bedingungsgleichung

$1 = \frac{n^2 - 1}{n^2} V^2$, also $V = \frac{n}{\sqrt{n^2 - 1}}$. Da V, die Lichtgeschwindigkeit einen sehr grossen Werth besitzt, so muss für den hier betrachteten Fall n nahezu gleich 1, also $\sqrt{n^2 - 1}$ dem umgekehrten Wert der Lichtgeschwindigkeit annähernd gleich sein. Diese Schlussfolgerung der Theorie stimmt nicht nur für die magnetischen Strahlen, sondern ganz allgemein für die Aetherstrahlen und besonders für die Röntgenstrahlen, wie die weiter unten anzuführonden Beobachtungen beweisen werden.

Aus der auf S. 19 abgeleiteten Gleichung

$$T = \frac{n^2}{2} \cdot \left(\frac{2 \pi a^1 c}{l}\right)^2 =$$

$$= \frac{K}{2} \left\{\left(\frac{P}{2\sqrt{\pi}}\right)^2 + \left(\frac{Q}{2\sqrt{\pi}}\right)^2 + \left(\frac{K}{2\sqrt{\pi}}\right)^2\right\}$$

folgt $n^2 = K$ oder, wenn man die Wellenlänge l als veränderlich annimmt und vor die Klammer setzt,

$$(\alpha) \quad \frac{n^2}{l^2} = K.$$

Ferner ist, wie oben gefunden wurde, ganz allgemein $\frac{1}{u} = (n^2 - 1) \cdot c^2$ oder, wenn auch die Wellenlänge wieder vor die Klammer gesetzt wird,

$$(\beta) \quad \frac{1}{u} = \frac{(n^2 - 1).\ c^2}{l^2} = \frac{n^2 - 1}{n^2} \cdot \frac{V^2}{l^2}.$$

Die elektromagnetische Lichttheorie führt zu den beiden (α) und (β) entsprechenden Gleichungen

$$(\alpha^1)\quad u\,K\,V^2 = n^2\,(1 - k^2),$$

$$(\beta^1)\quad \frac{1}{u} = \frac{L\,.\,l\,.\,V}{n^2\,k},$$

in denen, L die Leitungsfähigkeit, K wie oben die Dielektrizitätskonstante des Mittels und V wiederum die Lichtgeschwindigkeit bedeutet. Berücksichtigt man, dass nach S. 49 das Leitungsvermögen der brechenden Kraft $n^2 - 1$ direkt proportional ist, so geht die Gleichung (β′) über in

$$(\beta'')\quad \frac{1}{u} = \frac{n^2 - 1}{n^2} \cdot \frac{l\,V}{k}.$$

Die Gleichungen α und β einerseits sowie die Gleichungen α′ und β″ andererseits werden bezüglich paarweise identisch, wenn

$$(1)\qquad \frac{l\,V}{k} = \frac{V^2}{l^2} \text{ oder } k = \frac{l^3}{V}$$

und

$$(2)\qquad \frac{n^2}{l^2} = \frac{n^2 - 1}{V} \cdot l \cdot \frac{1 - k^2}{k} = K,$$

d. h. gleich dem aus den Gleichungen α′ und β″ folgenden Werthe von K ist. Aus (1) und (2) ergiebt sich für n und k allein die einfache Beziehung

$$(\gamma)\quad 1 = \frac{n^2 - 1}{n^2}\,(1 - k^2) = \left(1 - \frac{1}{n^2}\right)(1 - k^2),$$

so dass $k^2 = -\dfrac{1}{n^2 - 1}$ wird.

Die von mir direkt aus der Vibrationstheorie abgeleiteten Gleichungen (α und β) sind einfacher als diejenigen nach der Maxwellschen Theorie hergeleiteten Beziehungen (α′) und (β″), so dass, da die Gleichungen α und β mit der Erfahrung besser übereinstimmende Ergebnisse liefern, die Einführung des imaginären Faktors k sich nur als irreführend erweist. Dies hat sich in recht in die Augen fallender Weise bei der Bestimmung der Brechungsexponenten der Metalle durch Kundt und seine Schüler wie Drude und andere jüngere Physiker erwiesen. Ich kann in dieser Hinsicht nur das wiederholen, was ich Kundt seiner Zeit persönlich sagte, dass nämlich die eingeschlagene Bestimmungsmethode bei den stark absorbirenden Metallen nicht stichhaltig sei und zu unrichtigen Ergebnissen führen müsse, da ja in diesem Falle nach Sellmeiers Grundgleichungen der wahre Brechungsexponent verkleinert, also nicht durch die besagte Beobachtungsmethode ermittelt werden kann. Hier führt, wie ich auf S. 52 ausgeführt habe, die ebenso berechtigte Snellius'sche Beziehung zwischen den Brechungsexponenten und den Fortpflanzungsgeschwindigkeiten

$$\frac{n_i}{n_r} = \frac{c_r}{c_i}$$

oder die von mir aus der Wellentheorie abgeleitete Beziehung zwischen der brechenden Kraft und den Exstinctionskoefficienten

$$n_1{}^2 - 1 : n^2 - 1 = \alpha : \alpha_1$$

zu mit den Thatsachen besser übereinstimmenden Ergebnissen.

Ganz abgesehen davon, dass die nach der Kundtschen Methode gefundenen Brechungsexponenten Werthe besitzen, welche mit den von Landolt und Gladstone bestimmten Exponenten durchaus nicht in Einklang zu bringen sind, hätte die aus den Beobachtungen gezogene Schlussfolgerung, dass die Aetherschwingungen sich in den Metallen bedeutend schneller fortpflanzen sollen als in der Luft, die jüngeren Physiker bei einigermassen selbständigem Arbeiten und Prüfen stutzig machen müssen. P. Drude scheint in seiner letzten Arbeit über die optischen Constanten des Natriums (Wiedemanns Ann. Bd. 64, S. 159 ff.) etwas unsicher geworden zu sein, da er eine solche Fortpflanzungsgeschwindigkeit nur in hypothetischer Redewendung erwähnt. Es heisst nämlich in dieser Abhandlung S. 160: „Der Brechungsexponent n ist also noch kleiner, als bei der Na K-Legierung. Er würde aussagen, dass das Licht im Natrium sich etwa 220 mal schneller fortpflanzt, als in Luft.“ Wie ein Experimentalphysiker, dem doch die Abnahme der Fortpflanzungsgeschwindigkeit des Lichtes mit der zunehmenden Dichte des Mediums sozusagen in Fleisch und Blut übergegangen sein muss, gegen derartige Schlussfolgerungen nicht Front machen und sich nicht nach anderen Bestimmungsmethoden zur

Prüfung seiner Versuche umsehen kann, ist mir einfach unverständlich. Gerade die ausserordentlich starke Absorption, welche durch die Grösse der beobachteten Absorptionskoefficienten $\varkappa$ nachgewiesen ist, weist ja ohne weiteres auf eine Verringerung der Fortpflanzungsgeschwindigkeit hin; denn die vergrösserte Kraftabgabe auf kürzerer Wegstrecke wird nur möglich durch die Zunahme des Widerstandes, so dass nach den allgemein bekannten Grundgesetzen über Kraftbethätigung für gleiche Wegstrecken bei zunehmendem Widerstand eine entsprechend grössere Zeitdauer erforderlich wird, d. h. die Ausbreitungsgeschwindigkeit der Kraftbethätigung sich entsprechend verkleinert. Es würde daher das von Drude gefundene Product n $\varkappa$ den Werten für die wahren Brechungsexponenten der Metalle nach meiner Anschauung wesentlich näher kommen und zu ziemlich richtigen Werten für die Lichtgeschwindigkeit in den Metallen führen. Eine Umarbeitung der Theorie der Aetherschwingungen von dem vorstehenden Standpunkte aus würde keine besonders hohe mathematische Schulung erfordern und die theoretischen Schlussfolgerungen mit den Beobachtungen und den sachlichen Vorgängen in Uebereinstimmung bringen, wie ich später a. a. O. zeigen werde. Hier war es mir nur darum zu thun, die schwachen Punkte der elektromagnetischen Lichttheorie deutlich zu kennzeichnen, damit nicht mehr wie bisher von den Freunden sicherer Naturwissenschaft diese an sich so schöne und in der Hauptsache zutreffende Theorie unbesehens und ohne Prüfung angenommen wird und damit die Bestrebungen, deren Gültigkeitsbereich auf die richtigen Grenzen zu beschränken, gerade in Fachkreisen endlich eingehendere Würdigung finden.

Wie schwer es hält, derartige, von den gerade gangbaren, wissenschaftlichen Theorien abweichende Forschungergebnisse in den interessirten Fachkreisen auch nur zur Kenntniss zu bringen, geschweige denn prüfen zu lassen, habe ich gelegentlich meiner „Schwerkraftstrahlen“ zur Genüge kennen gelernt.

Hat doch Herr Professor Dr. Drude meine diesbezüglichen Ausführungen in dem Vortrage, welchen er auf der letzten Naturforscherversammlung in Braunschweig über die verschiedenen Gravitationstheorien gehalten hat, trotz meiner brieflichen Bitte nicht erwähnt und zwar aus dem Grunde nicht, weil er meine Behandlung des Schwerkraftproblemes hätte absprechend beurteilen müssen. Da es mir in Deutschland mit meinen übrigen physikalischen Arbeiten, wenn ich von dem mir stets von Herrn Prof. Dr. E. Wiedemann bewiesenen Entgegenkommen in den Beiblättern absehe, in den tonangebenden Physikerkreisen bisher meistens so ergangen ist — ich verweise in dieser Hinsicht nur auf die Vorrede zur „Physik des Aethers" — so möchte ich hier wie schon dort nochmals betonen, dass mir gegnerische Beurtheilungen, sofern dieselben sich auf vollwichtige Gründe stützen, ausserordentlich erwünscht sein würden, weil gerade durch derartige Einwürfe die vorhandenen, etwa noch nicht streng genug und widerspruchslos begründeten Punkte meiner Theorie geklärt oder auch richtig gestellt werden könnten. Aus diesem Grunde würde eine Kritik der in den vorstehenden Darlegungen von mir abgeleiteten Schlussfolgerungen von dem Standpunkte der elektromagnetischen Lichttheorie aus von mir nicht ungern gesehen werden, und dürfte Herr Drude, der ja Kundt's Arbeiten über die Brechungsexponenten der Metalle weiter ausgedehnt hat und auch seinen theoretischen Anschauungen nicht fremd gegenüber steht, wegen des von mir oben erhobenen Einspruchs gegen diese in erster Linie dazu Veranlassung haben.

Schwingungstheorie der Gase.

Wie in dem Abschnitt „Versuche über die Kraftwirkung der statischen Aetherstrahlen" auseinandergesetzt worden ist, handelt es sich bei den Erscheinungen, welche von Aetherschwingungen herrühren, und somit auch bei den Röntgenstrahlen um die Wechselwirkung zwischen den Schwingungen des Aethers und denjenigen Schwingungen, welche den Körpermolecülen in dem jeweiligen Aggregatzustand der betreffenden Stoffe an sich eigen sind. Gerade mit Rücksicht auf die verschiedenen und eigenartigen Wirkungen, welche die Inductionsschwingungen in verdünnten Gasen in den bekannten Geissler'schen und Hittorf'schen Röhren und durch die so bewirkte Erzeugung der Röntgenstrahlen hervorrufen, verdienen die Wechselwirkungen zwischen den Schwingungen der Körpermolecüle und Aetheratome nach allen Richtungen hin beleuchtet und erklärt zu werden, da man sonst schwerlich das eigentliche Wesen dieser Vorgänge wird ergründen können.

Bei der Behandlung dieser für alle Gebiete der exacten Naturwissenschaften hochwichtigen Vorgänge und Fragen muss ich wiederum auf die beiden Sellmeier'schen Grundgleichungen für die lebendige Kraft der in der Volumeneinheit eines beliebigen Stoffes absorbirten Schwingungen zurückgreifen. Demgemäss ist diese lebendige Kraft

$$\text{(I)} \qquad V = (n^2 - 1)\,\frac{2\pi^2}{\tau^2}\,m'\,(a')^2,$$

wie schon auf S. 13 bis 19 abgeleitet worden ist, und

$$\text{(II)} \quad V = \frac{2\pi^2}{\tau^2}\cdot M\cdot\frac{\tau^2}{\tau^2-\delta^2}\cdot \alpha_0{}^2 = (n^2-1)\,\frac{2\pi^2}{\tau^2}\,m'\,(a')^2.$$

In der zweiten Gleichung, welche sich in ganz ähnlicher Weise wie die Gleichung (I) ableiten lässt, ist α_0 die Amplitude der momentanen Gleichgewichtslage und $\frac{\tau^2}{\tau^2-\delta^2}\,\alpha_0$ diejenige der schwingenden Körperteilchen selbst und δ die diesen eigentümliche Schwingungsdauer und M die in der Volumeneinheit enthaltene Körpermasse. Die beiden Gleichungen (I) und (II), welche nur zwei verschiedene Formen derselben Grösse darstellen, sind die Grundgleichungen der Vibrationstheorie der Gase, woraus sich in elementarer Weise sämmtliche Resultate der kinetischen Gastheorie ableiten lassen. Da diese Gleichungen auch für den flüssigen und festen Aggregatzustand gelten und mit den Grundgleichungen der Thermodynamik und denjenigen der Maxwell'schen elektromagnetischen Lichttheorie identisch sind, so möchte ich sie als die allgemeinen Zustandsgleichungen der Materie bezeichnen.

Bei der Anwendung derselben auf die Gase nehmen wir an, dass zunächst beim Beginn des Eindringens der Aetherschwingungen in den Körper mit der Masse M in der gewählten Volumeneinheit die lebendige Kraft der schwingenden Masseteilchen gleich Null ist, d. h. dass der Körper bis auf den absoluten Nullpunkt abgekühlt sei, also eine Temperatur von — 273° C. besitze;

es stellt dann die Gleichung (I) die gesammte von den Aetheratomen mit der Masse m′ an die Molecüle des Körpers abgegebene lebendige Kraft dar. Nun kann aber die Abgabe der lebendigen Kraft der Aetherschwingungen der Wärme in zwei verschiedenen Zustandsänderungen des Körpers, nämlich bei konstantem Druck und bei konstantem Volumen, vor sich gehen. Im ersteren Falle erhält man, wenn man, wie dies in der kinetischen Gastheorie sowohl wie auch in der mechanischen Wärmetheorie üblich ist, den Verlust der lebendigen Kraft der schwingenden Aetheratome auf die Gewichtseinheit des Körpers bezieht,

$$Vp = \frac{n^2 - 1}{M} \cdot \frac{2\pi^2}{\tau^2} \cdot m'(a')^2,$$

im zweiten

$$Vv = \frac{(n')^2 - 1}{M} \cdot \frac{2\pi^2}{\tau^2} \cdot m'(a')^2.$$

Misst man diese lebendigen Kräfte in calorischem Maasse, so erhält man, da dann $Vp = c_p\ T$ und $Vv = c_v\ T$ ist,

$$(1) \quad \begin{cases} c_p\ T = \dfrac{n^2 - 1}{M\ E} \cdot \dfrac{2\pi^2}{\tau^2} \cdot m'\ (a')^2, \\ c_v\ T = \dfrac{(n')^2 - 1}{M\ E} \cdot \dfrac{2\pi^2}{\tau^2} \cdot m'\ (a')^2. \end{cases}$$

In den beiden letzten Gleichungen ist jedoch $\frac{2\pi a'}{\tau}$ gleich der Fortpflanzungsgeschwindigkeit der Aetherschwingungen im Körper, so dass also, wenn man dieselbe mit c bezeichnet, $\frac{1}{2} \frac{m'\ c^2}{E}$ das kalorische Maass der lebendigen Kraft der schwingenden Aetherteilchen, also gleich der absoluten Temperatur T des Körpers ist. Mit Rücksicht hierauf erhält man durch Subtraction der Gleichungen (1) von einander

$$(2) \quad M(c_p - c_v)\ T = \left\{(n^2 - 1) - [(n')^2 - 1]\right\} . T$$

$$\text{oder} \quad M\ (c_p - c_v) = n^2 - (n')^2$$

und für einen beliebigen anderen Körper

(3) $$M_1\,(c_p{}^1 - c_v{}^1) = (n_1)^2 - (n'_1)^2,$$

durch Division von (2) durch (3) demnach

(4) $$\frac{M\,(c_p - c_v)}{M_1\,c_p{}^1 - c_v{}^1)} = \frac{n^2 - (n')^2}{(n_1)^2 - (n_1')^2}$$

oder $$\frac{M\,c_v\,(k-1)}{M_1\,c'_v\,(k'-1)} = \frac{(n+n')\,(n-n')}{(n_1+n_1')\,(n_1-n_1'} \doteq 1,$$

da bei den Gasen die Quotienten $\frac{n+n'}{n_1+n_1'}$ sehr nahe gleich 1 und die Differenzen der Brechungsexponenten bei gleichen Temperaturerhöhungen nach den Versuchen von v. Lang einander gleich und daher auch die Quotienten $\frac{n-n'}{n,-n,'} = 1$ sind.

Hieraus folgt, dass

(5) $$\frac{M\,c_v}{M_1\,c'_v} = \frac{k'-1}{k-1}$$

und $$\frac{M\,c_p}{M_1\,c^1_p} = \frac{1-\frac{1}{k^1}}{1-\frac{1}{k}}$$ ist.

Wenn $k' = k$ ist, was bei den Gasen nach den Untersuchungen von Mallard und Le Chatellier (Nernst, Theoretische Chemie S. 37) genau erst beim absoluten Nullpunkte eintritt, so bestehen die Gleichungen

(6) $$\begin{aligned} M\,c_v &= M,\,c_v{}', \\ M\,c_p &= M_1\,c_p{}', \end{aligned}$$

d. h das Dulong-Petit'sche Gesetz der Atomwärmen gilt genau erst bei dieser Temperatur. Da jedoch bei den sogenannten permanenten Gasen mit grosser Annäherung $k = k'$ gesetzt werden kann, so ergiebt sich für diese das einfache Näherungsgesetz (6) und durch Subtraktion der beiden Gleichungen

(7) $M\,c_p - M\,c_v = M_1\,c_p{}' - M_1\,c_v{}^1 = \text{Const.} = 1{,}98$ Calorien, wie sich für Luft durch Einsetzen von $M = 28{,}88$,

von $c_p = 0{,}2375$ und von $c_v = 0{,}169$ leicht berechnen lässt. Den Grad der Annäherung kann man erhalten, wenn man nach den Gleichungen (5)

$$M c_p - M c_v = \frac{k^1 - 1}{k - 1}\left(M_1 \frac{c_p{}^1 k}{k^1} - M c_v{}^1\right)$$

ausrechnet.

Aus Gleichung (1) erhält man mit Rücksicht auf die Beziehung $T = \frac{1}{2} \frac{m' c^2}{A}$

$$c_p T = \frac{n^2 - 1}{M} \cdot T \text{ oder } c_p M = n^2 - 1$$

und für einen beliebigen anderen Stoff

$$c_p{}^1 M_1 = n_1{}^2 - 1, \tag{8}$$

d. h. in Worten: Die specifischen Wärmen gleicher Volumina sind den brechenden Kräften direkt proportional. Die Richtigkeit dieser aus der Vibrationstheorie sich unmittelbar ergebenden Schlussfolgerung wird durch die Beobachtungen, welche in der Tabelle auf Seite 17 zu sammengestellt sind, vollständig bestätigt.

Aus der Gleichung (I) erhält man, wenn man beide Seiten in kalorischem Maasse ausdrückt und $\frac{2 \pi a'}{\tau} = c$ einsetzt,

$$c_p T = \frac{n^2 - 1}{M A} \cdot \frac{1}{2} m' c^2 \tag{9}$$

und daraus

$$m^1 = \frac{2 c_p \cdot M A T}{(n^2 - 1) c^2}, \tag{10}$$

für Luft also bei 0° C. durch Einsetzen der Werthe der auf der rechten Seite stehenden bekannten Grössen

$$m^1 = 2{,}4 \cdot 10^{-12}.$$

Bezeichnet man nun die mittlere Geschwindigkeit der schwingenden Moleküle mit v, so ist die lebendige Kraft der Moleküle eines Kilogramms Luft bei 0° C. und konstantem Druck durch die Gleichung gegeben

$$(11) \qquad c_p\ T = \frac{1}{2\,A} \cdot \frac{v^2}{9{,}81},$$

also

$$(12) \qquad v = \sqrt{2\,A\,c_p\ T \cdot 9{,}81}\ ;$$

folglich erhält man durch Einsetzen der Zahlenwerthe

$$v = 735\ \mathrm{m},$$

während für die Zustandsänderung bei konstantem Volumen sich

$$v = 520\ \mathrm{m}$$

ergiebt. Der zuletzt gefundene Werth von v kommt dem von Clausius für die Molekulargeschwindigkeit der Luft bei 0° aus der kinetischen Gastheorie berechneten Zahlenwerthe 485 m sehr nahe.

Aus Gleichung (12) folgt für beliebige Gase

$$v_1 = \sqrt{2\,A\,c_p{}^1\,T \cdot 9{,}81},$$

$$v_2 = \sqrt{2\,A\,c_p{}^2\,T \cdot 9{,}81},$$

also

$$(13) \qquad v_1 : v_2 = \sqrt{c_p{}^1} : \sqrt{c_p{}^2},$$

und daraus mit Rücksicht auf Gleichung (8)

$$(14) \quad v_1 : v_2 = \frac{\sqrt{(n)^2 - 1}}{\sqrt{M_1}} : \frac{\sqrt{(n_2)^2 - 1}}{\sqrt{M_2}},$$

d. h. die mittleren Molekulargeschwindigkeiten sind den Quadratwurzeln aus den specifischen Wärmen direkt proportional oder mit Bezug auf Gleichung (14) den Quadratwurzeln aus den specifischen Gewichten aber umgekehrt proportional. Die aus der kinetischen Gastheorie für die Geschwindigkeit der Gasmoleküle abgeleitete Gleichung

$$\Omega_1 : \Omega_2 = \sqrt{\varphi_2} : \sqrt{\varphi_2} \text{ oder } v_1 : v_2 = \frac{1}{\sqrt{M^1}} : \frac{1}{\sqrt{M_2}}$$

ist demnach nur ein specieller Fall der allgemeinen Gleichung (14).

Da das oben für die Berechnung der Molekulargeschwindigkeit gegebene Beispiel eine klare Vorstellung von dem auch bei anderen Gasen einzuschlagenden Rechnungsverfahren geben dürfte, so beschränke ich mich darauf, für andere Gase und Dämpfe die mittleren Geschwindigkeiten nach meiner Methode auszurechnen und in der nachstehenden Tabelle, in welcher auch die specifischen Gewichte und die specifischen Wärmen der Gase enthalten sind, mit den von O. E. Meyer berechneten Werthen der mittleren Molekulargeschwindigkeit zusammenzustellen. Wie man aus den Vertikalreihen III und IV ersieht, weichen die nach der Vibrationstheorie berechneten Zahlen bei den sogenannten permanenten Gasen nicht so stark von den nach der kinetischen Gastheorie gefundenen Werthen ab, wie dies bei den leichter kondensirbaren Dämpfen der Fall ist.

Tabelle der Molekulargeschwindigkeiten der Gase und Dämpfe.

Gase	Specifisches Gewicht (Luft = 1)	Specifische Wärme cp.	Molekulargeschwindigkeit nach der	
			Vibrations-theorie	kinetischen Gastheorie
Wasserstoff	0,0693	3,4090	1967 m	1843 m
Grubengas	0,555	0,5929	822	636
Ammoniak	0,5967	0,5084	761	628
Wasserdampf	0,6235			614
Cyanwasserstoff	0,9476			498
Kohlenoxyd	0,9678	0,2450	528	493
Stickstoff	0,9714	0,2438	527	492
Aethylen	0,9745	0,4040	678	491
Luft	1,0000	0,2375	520	485
Stickoxyd	1,0388	0,2317	515	476
Sauerstoff	1,1053	0,2175	497	461
Holzgeist	1,120			458
Phosphorwasserstoff	1,15			452
Schwefelwasserstoff	1,1912			444
Chlorwasserstoff	1,2474			434
Stickoxydul	1,5204	0,2269	508	393
Kohlensäure	1,529	0,2162	497	392
Cyan	1,8064			361
Chlor	2,4502			310
Quecksilber	6,976			184

Die erste und letzte Zahlenreihe geben die von O. E. Meyer in der kinetischen Theorie der Gase S. 45 angeführten Werthe wieder.

Aus der Gleichung (1)

$$c_p\, T = \frac{n^2 - 1}{M\, A} \cdot \frac{1}{2}\, m' c^2$$

folgt mit Rücksicht auf Gleichung (12)

$$2\, c_p\, T\, A = \frac{v^2}{9{,}81},$$

dass
$$\frac{v^2}{9{,}81} = (n^2 - 1) \cdot c^2 \cdot \frac{m'}{M}$$

oder
$$\frac{m'}{M \cdot \frac{1}{9{,}81}} = \left(\frac{v}{c}\right)^2 \cdot \frac{1}{n^2 - 1},$$

d. h. die Massen der Aether- und Körpertheilchen sind dem Quadrate des reciproken Werthes ihrer Geschwindigkeiten direkt und der brechenden Kraft des Mediums umgekehrt proportional.

Da ferner $c = \frac{\lambda}{\tau} = \frac{2\, a' \pi}{\tau}$ und $\lambda = 7{,}6 \,.\, 10^{-7}$ m nach den Beobachtungen von Angström und van der Willigen (cf. Wüllner, Bd. II. S. 431) ist, so erhält man

$$2\, a' = \frac{\lambda}{\pi} = d' = 2{,}4 \,.\, 10^{-7}\, m,$$

$$\tau = \frac{\lambda}{c} = \frac{10^{-7} \,.\, 7{,}6}{10^{+8} \,.\, 3} = 2{,}5 \cdot 10^{-15},$$

während das Volumen der Wirkungssphäre

$$(15) \quad Vm' = \frac{4}{3}\, (a')^3\, \pi = \frac{(d')^3\, \pi}{6} = 2{,}3 \,.\, 10^{-21}\ \text{cbm}$$

ist. Nach Gleichung (10) ist $m' = 2{,}4 \,.\, 10^{-12}$, also die Dichtigkeit des Aethers $d = mg = 23{,}544 \,.\, 10^{-12}$ $\left(\frac{kg}{cbm}\right)$. Die Anzahl der Aetheratome in 1 kg. Luft ist mindestens gleich dem reciproken Werthe des Volumens der Wirkungssphäre Vm′, multiplicirt mit dem specifischen Volumen 0,773, also

$$N = \frac{0{,}773}{Vm'} = 3{,}4 \,.\, 10^{20}.$$

Aus Gleichung (II) und (I) folgt ferner mit Rücksicht darauf, dass

$$\frac{1}{2} M v^2 = (n^2 - 1) \frac{2\pi^2}{\tau^2} m' (a')^2 = \frac{2\pi^2}{\tau^2} M \cdot \frac{\tau^2}{\tau^2 - \delta^2} \cdot a_0^2$$

ist, dass $v^2 (\tau^2 - \delta^2) = (2 \pi a_0)^2$,

$$\text{also (16)} \quad v \sqrt{\left(\frac{\tau}{\delta}\right)^2 - 1} = \frac{2\pi a_0}{\delta} = 332 \text{ m},$$

d. h. gleich der Schallgeschwindigkeit ist, wie man nach der Analogie beim Licht von vornherein hätte annehmen können. Daraus erhält man

$$(17) \quad \frac{\tau^2}{\delta^2} = 1 - \frac{\left(\frac{2\pi a_0}{\delta}\right)^2}{v^2} = 1{,}4096 = k = \frac{c_p}{c_v}.$$

Nach dieser Gleichung entsprechen τ^2 und δ^2 den specifischen Wärmen c_p und c_v und werden daher bei näherer Prüfung dieser Beziehungen noch weitere Resultate ergeben. In der nachstehenden Tabelle sind nach Gleichung (17) die Werthe von $\frac{\tau^2}{\delta^2}$ berechnet und mit den beobachteten Werthen des Verhältnisses der specifischen Wärmen $k = \frac{c_p}{c_v}$ verglichen worden.

Gase.	Molekulargeschwindigkeit v.	Schallgeschwindigkeit	k	$\frac{\tau^2}{\delta^2}$
Wasserstoff	1967 m	1262 m	1,385	1,414
Grubengas	822	447	1,315	1,296
Ammoniak	771	430	1,314	1,320
Kohlenoxyd	528	337,4	1,409	1,420
Stickstoff	527	336,5	1,405	1,411
Aethylen	678	337,4	1,246	1,250
Luft	520	332	1,405	1,410
Stickoxyd	515	326	1,390	1,403
Sauerstoff	497	316	1,403	1,410
Stickoxydul	508	267	1,300	1,255
Kohlensäure	497	266	1,305	1,287

Aus Gleichung (17) folgt

$$\delta = 2{,}1.\ 10^{-15}\ \mathrm{m},$$
$$2\,a_0\,\pi = 332.\ 2{,}1.\ 10^{-15}\ \mathrm{m},$$
$$2\,a_0 = 222{,}7\,.\,10^{-15}\,\mathrm{m},$$

und die doppelte Schwingungsamplitude der Körpertheilchen selbst $\frac{\tau^2}{\tau^2 - \delta^2} \cdot 2\,a_0 = \frac{k}{k-1} \cdot 222{,}7.10^{-15} = 7{,}65\ .\ 10^{13}$ m.

Durch Division ergiebt sich $\frac{2\,a'}{2\,a_0} = 1{,}078\ .\ 10^6$, während $2\,a'$: $\frac{\tau^2}{\tau^2 - \delta^2} \cdot 2\,a_0 = \pi\,.\,10^6 = 3{,}14.\ 10^6$ ist.

Nach dem sogenannten Zwischenvolumengesetz der Gase, das von mir aus der Vibrationstheorie in dem zweiten Kapitel der „Elementaren Physik des Aethers“ (Verlag von M. Krayn, Berlin) und oben S. 37 ausführlich abgeleitet und nach welchem $p\,(v-x) = po\,(v_0-x)$ oder ganz allgemein in der Form der Klapeyronschen Zustandsgleichung $p\,(v-x) = RT$ ist, ist das Molekülvolumen x, welches die Luftmoleküle für sich allein einnehmen, gleich $^1/_{1000}$ des Volumens bei einer Atmosphäre und 0° C. Temperatur; folglich ist das Volumen der Moleküle eines Kilogramms Luft gleich $0{,}773\,.\,10^{-3}$, also die Molekülzahl in 1 kg Luft mindestens

$$(18)\qquad N' = \frac{0{,}773\ .\ 10^{-3}}{\frac{(7{,}65)}{6}^3.\ \pi.\ 10^{-45}} = 324.\ 10^{37},$$

folglich

$$(19)\qquad \frac{N'}{N} = 95{,}3.\ 10^{19}.$$

Aus der Gleichung (13) folgt für ein und dasselbe Gas bei verschiedenen Temperaturen, dass sich verhält

$$v_1 : v_2 = \sqrt{c_p{}^1} : \sqrt{c_p{}^2} = \sqrt{a\,T_1} : \sqrt{a\,T_2}$$

da nach den Versuchen von E. Wiedemann die specifische Wärme bei konstantem Druck mit der Temperatur wächst; folglich ist

$$v_2 = v_1\,\sqrt{\frac{T_2}{T_1}}$$

oder, wenn man T_1 in gewöhnlicher Zählung gleich 0° annimmt, also absolut gleich 273 und $T_2 = 273 + t$ setzt,

$$v_2 = v_1 \sqrt{\frac{273 + t}{273}} = v_1 \sqrt{1 + \frac{t}{273}}.$$

Nun ist die Gesammtenergie eines Gases bei constantem Druck und der Temperatur 0° C.

$$E = \frac{1}{2} M_1 v_1^2,$$

also bei t° C.

$$\text{(20)} \qquad Et = \frac{1}{2} M_1 v_1^2 (1 + \alpha t),$$

folglich die Zunahme dieser Energie bei der Erhöhung der Temperatur um 1° C.

$$\text{gleich} \frac{1}{2} M_1 v_1^2 \alpha.$$

Nun ist aber mit Rücksicht auf die Gleichungen

$$M_1 c_p{}^1 = M_2 c_p{}^2 \text{ und } v_1 : v_2 = \sqrt{c_p{}^1} : \sqrt{c_p{}^2}$$

$$\text{(21)} \qquad M_1 v_1^2 = M_2 v_2^2;$$

daraus folgt, dass im Gültigkeitsbereich dieser letzten Gleichung für alle Gase der Werth der Grösse $\frac{1}{2} M_1 v_1^2 \alpha = \frac{1}{2} M_2 v_2^2 \alpha = \ldots.$ eine konstante Grösse ist, wie unmittelbar aus den Gleichungen (6) durch Erweiterung der beiden Seiten derselben mit α hergeleitet werden kann. Die Gleichung $\frac{1}{2} M_1 v_1^2 \alpha = \frac{1}{2} M_2 v_2^2 \alpha = \text{Const.}$ ist demnach nur eine besondere Form des sogenannten Dulong-Petitschen Gesetzes bei den Gasen, das nach den obigen Auseinandersetzungen nur ein Näherungsgesetz ist.

Mit Bezug auf Gleichung (7)

$$M c_p - M c_v = \text{Const.} = 1{,}98 \text{ Calorien}$$

möchte ich noch einige Bemerkungen über das Verhältniss der molekularen, d. h. der in äussere Arbeit umgewandelten Schwingungsenergie, zur gesammten Energie machen, da die Resultate der Vibrationstheorie etwas von denjenigen der kinetischen Theorie abweichen.

Bezeichnet man in der vorstehenden Gleichung die gesammte Energie $M c_p$ mit L, die innere Schwingungsenergie $M c_v$ mit H und die geleistete äussere Arbeit mit L—H mit K, so erhält man nach Gleichung (17)

$$(22)\left\{\begin{array}{l} \frac{L-H}{H}=\frac{K}{H}=\frac{M c_p - M c_v}{M c_v}=\frac{c_p}{c_v}-1=k-1 \\ \frac{K+H}{H}=\frac{L}{H}=k, \\ \frac{H-K}{K}=\frac{2-k}{k-1} \end{array}\right.$$

Clausius hat aus der kinetischen Gastheorie für das Verhältniss $\frac{K}{H}$ die Beziehung

$$\frac{K}{H}=\,^3/_2\,\frac{c_p-c_v}{c_v}=\,^3/_2\,(k-1)$$

abgeleitet.

Kundt und Warburg haben nun diese theoretische Formel durch Experimente zu prüfen gesucht, dabei aber die Annahme gemacht, dass bei einatomigen Gasen und Dämpfen, wie Quecksilber, Cadmium und vielleicht auch Zink, keine Bewegungen im Inneren der Molekel denkbar sind und daher K = H ist. Diese Annahme widerspricht jedoch erstlich den Resultaten, welche Dr. Meusel und ich in den Untersuchungen über den Monismus der chemischen Elemente, bezüglich über die Einheit der Materie gefunden haben; denn danach sind sämmtliche Elemente als mehr oder weniger komplicirte Verbindungen zweier Grundbestandtheile des Wasserstoffs anzusehen. Zweitens wird nach der mechanischen Wärmetheorie auch bei den einatomigen Gasen durch Vermittelung der Molekularbewegung äussere Arbeit geleistet und demgemäss muss die der Molekularenergie bei konstantem Volumen entsprechende Grösse H um die äussere Arbeit K kleiner als die Gesammtenergie sein. Nach der Vibrationstheorie gestaltet sich der Sachverhalt so, dass bei konstantem Volumen die Grösse K = o und daher L = H wird, d. h. Gesammtenergie und innere Energie fallen zusammen. Eigenthümlich ist ja allerdings, dass die Beobachtungen von Kundt und Warburg unter der gemachten Hypothese den theoretischen Werth der Clausiusschen Formel für $\frac{c_p}{c_v} = 1,67$

bei Quecksilber ergeben haben. Da jedoch dies Resultat dem Ergebnisse der Vibrationstheorie, nach welcher die Quotienten der specifischen Wärmen zwischen den Grenzen 2 und 1 liegen müssen, durchaus nicht widerspricht, so halte ich die von mir für K und H aufgestellten Beziehungen für praktischer und richtiger, da dieselben zu keinen Widersprüchen mit der mechanischen Wärmetheorie führen. Setzt man nun nach dem Beispiel von O. E. Meyer in der kinetischen Theorie der Gase S. 89 und 90 $\frac{\mathfrak{E}}{E} = \frac{H - K}{K}$, $e = \frac{\mathfrak{E}}{n}$, worin n die Atomzahl bedeutet, so nimmt nach der Vibrationstheorie der Gase die von O. E. Meyer a. a. O. auf S. 90 und 91 zusammengestellte Tabelle folgende Gestalt an.

Gase	Molekular-Formel	n	$\frac{c_p}{c_v} = k$	Beob.	$\frac{K}{H} = k - 1$	$\frac{\mathfrak{E}}{E} = \frac{H-K}{K} = \frac{2-k}{k-1}$	$\frac{e}{\mathfrak{E}}$
Sauerstoff	O_2	2	1,398	D.	0,398	1,512	0,756
			1,401	M.	0,401	1,494	0.747
			1,410	C.	0,410	1,440	0,720
Stickstoff	N_2	2	1,401	M.	0,401	1,494	0,747
			1,410	C.	0,410	1,440	0,720
Wasserstoff	H_2	2	1,390	D.	0,390	1,564	0,782
			1,401	M.	0,401	1,494	0,747
			1,410	C.	0,410	1,440	0,720
Kohlenoxyd	CO	2	1,407	D.	0,407	1,457	0,7285
			1,409	M.	0,409	1,445	0,7225
			1,410	C.	0,410	1,440	0,720
Stickoxyd	NO	2	1,390	M.	0,390	1,564	0,782
Chlorwasserstoff	HCl	2	1,392	M.	0,392	1,551	0,7755
Kohlensäure	CO_2	3	1,322	D.	0,322	2,106	0,702
			1,274	M.	0,274	2,650	0,883
			1,291	C.	0.291	2,436	0,812
Stickoxydul	N_2O	3	1,327	D.	0,327	2,060	0,687
			1,267	M.	0,267	2,746	0,915
			1,285	C.	0,285	2,509	0,836
Schweflige Säure	SO_2	3	1,248	M.	0,248	3,032	0,011
			1,262	C.	0,262	2,817	0,939
Schwefelwasserstoff	H_2S	3	1,258	M.	0,258	2,876	0,959
Ammoniak	NH_3	4	1,300	M.	0,300	2,333	0,583
			1,328	C.	0,328	2,050	0,512
Grubengas	CH_4	5	1,315	M.	0,315	2,174	0,435
Aethylen	C_2H_4	6	1,225	D.	0,225	3,444	0,574
			1,257	M.	0,257	2,891	0,482
			1,257	C.	0,257	2,891	0,482

Die beiden letzten Zahlenreihen werden in der theoretischen Chemie von einiger Bedeutung; ein näheres Eingehen darauf würde aber an dieser Stelle vom Thema zu weit abführen.

Die äussere Arbeit K in Wärmemaass bei ein Grad Temperaturerhöhung ist nach Gleichung

$\frac{K}{H} = \frac{Mc_p - Mc_v}{Mc_v}$ zu setzen $K = M(c_p - c_v)$ oder

wenn man das mechanische Maass der äusseren Arbeit

K_1 mit dem Wärmeäquivalent $A = \frac{1}{424}$ der Arbeitseinheit multiplicirt,

$$K_1 A = M(c_p - c_v). \tag{23}$$

Nach der Clapeyronschen Zustandsgleichung der Gase $pv = RT$ ist aber die äussere Arbeit $K_1 = p(v_1 - v_0) = R(T_0 + 1 - T_0) = R$; folglich ist $RA = M(c_p - c_v)$

oder $$\frac{RA}{M} = c_p - c_v.$$

Für Wasserstoff ist $M = 1$ und $c_p - c_v = 1$, folglich

muss für Wasserstoff $R . A = 1$ oder $R = \frac{1}{A} = 424$

sein. In der That ist für Wasserstoff nach Zeuner, Mechanische Wärmetheorie, 2. Aufl. S. 105, $R = 422{,}612$.

Zum Schluss dieses Abschnittes möchte ich noch darauf hinweisen, dass infolge der nur näherungsweise gültigen Beziehung $c_p\ M = n^2 - 1$, in welcher $n^2 - 1$ sowohl wie auch M sich mit der Temperatur ändern, auch c_p und demgemäss c_v, bezüglich c_p und c_v mit der Temperatur veränderlich sein müssen. Aus den Versuchen von Regnault und Eilh. Wiedemann geht hervor, dass die specifische Wärme c_p bei den Gasen mit steigender Temperatur zunimmt, so dass man etwa setzen kann $(c_p)_t = aT$. Eine ähnliche Beziehung besteht für die specifische Wärme der festen Stoffe. Nach den Beobachtungen von Pouillet und Blechynden kann man beim Platin, Eisen und Kupfer die specifische Wärme $(c_p)_t = aT$ setzen.

Die Beobachtungen Wiedemanns sind in der nachstehenden Tabelle enthalten.

		0^0	100^0	200^0
Kohlensäure	CO_2	0,1952	0,2169	0,2387
Aethylen	C_2H_4	0,3364	0,4189	0,5015
Stickoxydul	N_2O	0,1983	0,2212	0,2442
Ammoniak	NH_3	0,5009	0,5317	0.5629

(cf. O. E. Meyer a. a. O. S. 101.)

Die Beobachtungen Pouillets und Blechyndens sind in der folgenden Tabelle enthalten, welche den Transactions of the institution of naval architects, 1894, S. 73, entnommen ist.

Specifische Wärme von Platin, Eisen und Kupfer.

Centigrade	Platin	Eisen	Kupfer
Zwischen 0^0 — 100^0	0,0335	0,1095	0,0961
„ 0^0 — 300^0	0,0343	0,1189	0,0974
„ 0^0 — 500^0	0,0352	0,1279	0,1032
„ 0^0 — 700^0	0,0360	0,1374	0,1068
„ 0^0 — 1000^0	0,0373		
„ 0^0 — 1200^0	0,0382		

Mit Recht darf man aus den angeführten Versuchen schliessen, dass auch die specifische Wärme c_v' sich mit der Temperatur ändert; sollte dies nicht der Fall sein so müsste natürlich $k = \frac{c_p}{c_v}$ mit der Temperatur sich ändern. Es fehlt leider an Beobachtungen, durch welche diese Frage entschieden wird.

An die Behandlung des Leitungsvermögens auf Seite 47 u. ff. möchte ich noch einige Bemerkungen anschliessen, welche zu interessanten Aufschlüssen über die Constitution der Stoffe führen dürften. Nach den Beobachtungen, welche in der Tabelle auf Seite 17 zusammengestellt sind, besteht die Beziehung

$$n^2 - 1 = c_p \ s.$$

Nun ist aber nach den Auseinandersetzungen auf Seite 49 und 50 das Leitungsvermögen der brechenden Kraft $n^2 - 1$ direkt proportional; folglich kann man das Leitungsvermögen

$$L = (n^2 - 1). C = c_p\ s. C$$

oder, wenn man für die Constante C den Buchstaben η einsetzt,

$$L = \mathfrak{k} = c_p\ s.\ \eta = c\, s\, \eta$$

setzen. Daraus folgt

$$\eta = \frac{\mathfrak{k}}{c\, s} = \text{Const.}$$

Bei zahlreichen Flüssigkeiten hat sich diese aus der Vibrationstheorie folgende Schlussfolgerung nach den Beobachtungen von Weber bestätigt, (cf. Wüllner, Experimentalphysik, Bd. II. S. 317). Nun ist aber nach unserer Annahme gemäss Grundgleichung (I)

$$\eta = \frac{2\,\pi^2.\, m'\ (\alpha')^2}{\tau^2\ M} = \frac{2\,\pi^2.\, m'\ (\alpha')^2}{\tau^2\ s}$$

oder, wenn man

$$\frac{2\,\pi^2.}{\tau^2} m'\ (\alpha')^2 = \eta'$$

$$\text{setzt, } \eta = \frac{\eta'}{s};$$

$$\text{also folgt } \mathfrak{k} = c_p\,.\ s. \frac{\eta'}{s}$$

$$\text{oder } k = c_p\ \eta' = 1{,}41.\ c_v\ \eta' = k.\ c_v\ \eta'.$$

Es ist aber nach den Versuchen von Stephan, wie O. E. Meyer auf Seite 194 der kinetischen Theorie der Gase gezeigt hat, die Wärmeleitungsfähigkeit der Gase

$$\mathfrak{k} = 1{,}53.\ \eta.\ c_v\,,$$

wenn η der Reibungskoefficient der Gase ist. Vergleicht man diese Formel mit der soeben aus der Vibrationstheorie abgeleiteten

$$\mathfrak{k} = 1{,}41.\ \eta'.\ c_v = k.\ c_v\,.\ \eta',$$

so folgt, dass, da die letztere Formel sich mit gleicher Genauigkeit mit den Stefanschen Beobachtungen deckt, η' der Reibungscoefficient der Gase, bezüglich bei den flüssigen und festen Stoffen der Reibungscoefficient dieser ist.

Berechnet man noch die Formel

$$\mathfrak{k} = k\,.\ c_v\ \eta' = c_p\ \eta',$$

worin $k = \frac{c_p}{c_v}$ und η' der Reibungscoefficient ist, so erkält man die in der nachstehenden Tabelle enthaltenen Werthe der Wärmeleitungsfähigkeit der Gase.

Gase	Wärmeleitung beob.	ber. aus $\mathfrak{k} = c_p \cdot \eta$	ber. aus $\mathfrak{k} = 1{,}53 \cdot c_v \cdot \eta$	η
Luft	0,0000480	0,0000441	0,0000492	0,000190
	525			
	558			
H_2	0,0003324	0,0003170	0,0003497	0,000093
CO	0,0000510	0,0000451	0,0000490	0,000184
N_2	0,0000524	0,0000449	0,0000491	0,000184
O_2	0,0000563	0,0000461	0,0000502	0,000212
CO_2	0,0000317	0,0000347	0,0000407	0,000160
N_2O	0,0000363	0,0000362	0,0000425	0,000160
CH_4	0,0000647	0,0000612	0,0000829	0,000120
C_2H_4	0,0000414	0,0000440	0,0000542	0,000109

Aus der vorstehenden Tabelle geht hervor, dass die nach der Vibrationstheorie berechneten Werthe der Wärmeleitungsfähigkeit bei den Gasen, welche in einem Molecül mehr als 2 Atome enthalten, den Beobachtungen durchweg besser entsprechen als die Werthe, welche nach der kinetischen Theorie sich ergeben. Da sowohl die specifische Wärme c_p als auch der Reibungscoefficient η mit der Temperatur wachsen, so muss demgemäss das Wärmeleitungsvermögen der Gase mit steigender Temperatur zunehmen. Die Versuche von Winkelmann, Obermeyer und E. Wiedemann bestätigen dies.

Da die Richtigkeit der oben aus der Grundgleichung (I) abgeleiteten Beziehung

$$\mathfrak{k} = (n^2 - 1) \cdot \frac{2\pi 2}{\tau^2} \cdot \frac{m'(a')^2}{M} = (n^2-1) \cdot \frac{\eta}{M}$$

oder

$$\mathfrak{k} = c_p \cdot M \cdot \frac{\eta}{M} = c_p \cdot \eta$$

durch die soeben angeführten Beobachtungen nachgewiesen ist, so erhält man umgekehrt

$$\eta = \frac{\mathfrak{k}}{c_p} = \frac{\mathfrak{k}}{(n^2-1):M} = \frac{\mathfrak{k}\,M}{n^2-1}.$$

Aus dieser Formel geht hervor, dass die innere Reibung η ebenso wie die Wärmeleitung $\mathfrak{k}$ mit der Temperatur zunehmen muss.

Die äussere Reibung ε müssen wir ebenso, wie wir die innere Reibung der lebendigen der Aetheratome proportional gesetzt haben, der lebendigen Kraft der Gasmasse oder der Moleküle proportional setzen, so dass die Reibung für die Volumeneinheit wird

$$\varepsilon = (n^2 - 1) . \frac{2 \pi 2}{\tau^2} . m' (a')^2 . \beta = c_p \; M \, T \, A \, B \, \beta.$$

Bei gleicher Temperatur ist demnach die äussere Reibung dem Producte c_p . M direct proportional. Das Verhältniss der inneren zur äusseren Reibung, die Gleitungsconstante ξ, ist daher

$$\xi = \frac{\eta}{\varepsilon} = \frac{\mathfrak{k} \, . \, M}{n^2 - 1} : c_p \; M \, T \, A \, \beta = \frac{\mathfrak{k} \; c_p}{(n^2 - 1) B}$$

oder $\xi = \frac{\eta}{(n^2 - 1) B}$,

worin $T A \beta = B$ eine Constante ist. Es muss sich daher verhalten

$$\xi_1 : \xi_2 = \frac{\eta_1}{n^2 - 1} : \frac{\eta_2}{n_2^2 - 1}.$$

Da für Luft, Wasserstoff und Kohlensäure die Gleitungskonstanten ξ von Kundt und Warburg durch genaue Beobachtungen bestimmt sind, so kann die vorstehende Gleichung für diese Gase ausgewerthet werden. Für Luft ist, $\xi_1 = 0{,}0000113$ cm, für Wasserstoff $\xi_2 = 0{,}0000186$, $\eta_1 = 0{,}000175$, $\eta_2 = 0{,}000093$, ferner $n_1{}^2 - 1 = 1$, $n_2{}^2 - 1 = 0{,}47$; also wird

$$\frac{\xi_1 \, . \, \eta_2}{n_2{}^2 - 1} : \frac{\xi_2 \, . \, \eta_1}{n_1{}^2 - 1} = 0{,}7, \text{ d. h. } \infty = 1.$$

Für Luft und Kohlensäure folgt, da für Kohlensäure $\eta_2 = 0{,}00016$, $\xi_2 = 0{,}0000065$ und $n_2{}^2 - 1 = 1{,}526$ ist,

$$\frac{\xi^1 \, . \, \eta}{n_2{}^2 - 1} : \frac{\xi_2 \, . \, \eta_1}{n_1{}^2 - 1} = 0{,}98 \infty = 1.$$

Für Wasserstoff und Kohlensäure erhält man wiederum für dieses Verhältniss 0,7, also ebenfalls nahezu 1, wie die Theorie fordert. In der nachstehenden Tabelle sind die aus der Proportion

$$\xi_1 \quad \xi_2 = \frac{\eta_1}{n_1^2 - 1} \quad \frac{\eta_2}{n_2^2 - 1}$$

berechneten Gleitungsconstanten ξ_2 für die verschiedenen Gase zusammengestellt und mit den entsprechenden Werthen verglichen worden, welche sich dafür aus der kinetischen Gastheorie ergeben. Der einfacheren Rechnung wegen ist für Luft $\xi_1 = 10^{-5}$ cm und $\eta = 0{,}00017$ cm gesetzt worden.

	$n^2 - 1$ Luft = 1	η	ξ	ξ (nach O. E. Meyer)
H_2	0,47	0,000093	$1{,}30 \,.\, 10^{-5}$	$1{,}855 \,.\, 10^{-5}$
CH_4	1,504	120	0,5	0,848
CO	1,157	184	0,93	0,985
C_2H_4	2,302	109	0,3	0,582
N_2	1,020	184	1,06	0,986
NO_2	1,03	186	1,36	0,959
O_2	0,924	212	1,3	1,059
H_2S	2,187	130	0,4	0,628
HCl	1,527	156	0,6	0,734
CO_2	1,526	160	0,6	0,680
N_2O	1,710	160	0,55	0,681
C_2N_2	2,832	107	0,22	0,419
SO_2	2,260	138	0,36	0,485
Cl	2,623	141	0,32	0,474

Da die benutzten Beobachtungen selbst mit ziemlich grossen Fehlern behaftet sind, wie die Versuche über die Gleitungsconstanten der Luft zeigen, so dürften, wenn erst noch weiteres Beobachtungsmaterial über die Gleitungsconstanten vorliegt, sich genauere Werthe für die Constante 1/B und damit auch eine bessere Uebereinstimmung zwischen Beobachtung und Theorie ergeben.

Soviel dürfte jedoch durch die Auseinandersetzungen dieses Abschnittes mit Sicherheit festgestellt sein, dass die Schwingungstheorie in lichtvoller und höchst einfacher Weise gesetzmässige Rechenschaft von denjenigen Erscheinungen und Vorgängen zu geben gestattet, welche auf die wechselseitige Einwirkung der Schwingungen der Molecüle und Aetheratome zurückzuführen sind. In dem nächsten Abschnitt soll nun im Anschluss an die hier gefundenen Ergebnisse, welche ich teilweise in einzelnen Aufsätzen bereits früher veröffentlicht habe, der Versuch gemacht worden, die bisher gefundenen theoretisch wichtigen Versuchsdaten über die Röntgenstrahlen von dem Standpunkte der soeben entwickelten Schwingungstheorie der Gase aus zu erklären und so über das Wesen dieser und der dahin gehörigen Luminiscenzerscheinungen, der Uran- Thor- und sonstigen X-Strahlen neue Aufschlüsse zu geben.

Die Röntgenstrahlen-Versuche im Lichte der Schwingungstheorie.

Begriff und Bedeutung der brechenden Kraft.

In den vorhergehenden theoretischen Entwickelungen bildete die Sellmeiersche Absorptionsformel

$$V = (n^2 - 1) \cdot \frac{2\,\pi^2}{\tau^2}\, m' \, (a')^2$$

den Ausgangspunkt. Bei der Ableitung der Maxwellschen Grundgleichungen aus dieser Formel wurde bereits darauf hingewiesen, dass die rechte Seite dieser Gleichung die Differenz zweier Glieder darstellt, deren erstes Glied $\frac{n^2\,c^2}{2}\, m' \left(\frac{2\,\pi\,a'}{l}\right)^2$ die lebendige Kraft der tonischen Bewegung, d. h. die gesammte den Körpermolekülen bezw. den im Körper eingelagerten Aetheratomen innewohnende lebendige Kraft nach der Absorption, deren zweites Glied die gesammte lebendige Kraft ist, welche die Körpermolecüle bezw. die im Zwischenvolumen eingelagerten Aetheratome vor der Absorption besitzen. Bezeichnen wir die beiden lebendigen Kräfte mit $\frac{v_1{}^2}{2}$ und $\frac{v_2{}^2}{2}$, so erhalten wir die mechanisch leicht verständliche Gleichung

$$V = \frac{v_{,}^2}{2} - \frac{v_2{}^2}{2},$$

so dass die bei der Absorption geleistete Arbeit bezw. die ihr gleichwertige lebendige Kraft, welche ganz an die körperlichen Molecüle übergegangen ist, gleich der Differenz der lebendigen Kräfte nach und vor der Absorption ist. Darnach stellt das zweite Glied, der normale Schwingungszustand des Aethers, die Niveaufläche dar, auf welche die Arbeitsleistungen bezogen werden.

Genau so wie bei der Schwere und der Elektricität erhalten wir nach der Sellmeierschen Formel die bei der Absorption geleistete Arbeit gleich der Differenz der lebendigen Kräfte, welche von den fraglichen Niveauflächen aus gerechnet werden. Hieraus allein erklärt sich in gesetzmässiger Weise, dass bei allen physikalischen und chemischen Vorgängen, welche hier und in der Physik des Aethers untersucht worden sind, gerade die brechende Kraft $n^2 - 1$, d. h. die mit der Natur des Mittels veränderliche Differenz in dem Ausdruck für die geleistete Arbeit

$$V = (n^2 - 1) \frac{2 \pi^2}{\tau^2} m' (a')^2 = \frac{v'^2}{2} - \frac{v_2^2}{2}$$

sich als Kennzeichen und Maass für dieselben ergeben hat. Die Ursache liegt nach den vorstehenden Erläuterungen einfach darin begründet, dass alle jene Erscheinungen ihrem inneren Wesen nach auf Arbeitsleistungen zurückzuführen sind, welche sich als Differenzen lebendiger Kräfte darstellen. Infolge dieses inneren Zusammenhanges kann man auch die brechende Kraft als die für alle Naturvorgänge geeignete Maasseinheit anwenden und somit dieselben von dem allumfassenden Standpunkt der Wellentheorie aus einheitlich messen und miteinander vergleichen. Hierin liegt die centrale Bedeutung der brechenden Kraft $n^2 - 1$ in Physik und Chemie; sie ist eben das einfachste und umfassendste Maass der Dinge, da sie als Differenz zweier lebendiger Kräfte einer ihr gleichwertigen Arbeit oder anderen lebendigen Kraft gleich ist und als Arbeit seit der Begründung der mechanischen Wärmetheorie als allgemeinste Maasseinheit gelten darf. Ich glaubte auf diesen Sachverhalt, der den analytischen Entwickelungen auf S. 13 ff. zu Grunde liegt, besonders hinweisen zu müssen, damit der einheitliche Kern der vorhergehenden und nachfolgenden Auseinandersetzungen klar und deutlich erkannt wird. Dass die brechende Kraft thatsächlich eine solche weittragende und umfassende Bedeutung in der Physik besitzt, haben die Beobachtungen bewiesen; man vergleiche in dieser Hinsicht die Versuche auf S. 17, S. 51, 53, 76, 77, ferner „Physik des

Aethers“, I, S. 11, 16, 17, 59, 63, 64, 65, II, S. 7, 39, 95, 98. In dem nächsten Abschnitt soll nun untersucht werden, ob auch für die Röntgenstrahlen die brechende Kraft, wie die ersten Versuche und die Theorie vermuten lassen, eine so maassgebende Bedeutung besitzt.

Versuche über die Durchlässigkeit der Stoffe für die Röntgenstrahlen.

Von allen Eigenschaften, welche die Röntgenstrahlen beim Durchgange durch verschiedene Stoffe zeigen, ist in theoretischer und praktischer Hinsicht die wichtigste die je nach der Natur der Stoffe wechselnde Absorption der Strahlen; dieselbe, das sogenannte Absorptionsvermögen, ist daher auch nach allen möglichen Richtungen hin beobachtet und teilweise auch nach physikalisch stichhaltigen Methoden gemessen worden. Da das Absorptionsvermögen ein ebenso wichtiges Kennzeichen für das Wesen einer Strahlengattung wie der Brechungsexponent bildet und ein bequemes Mittel zur Bestimmung desselben liefert, so sollen an der Hand der Versuchsergebnisse über die Durchlässigkeit der Körper für die Röntgenstrahlen die aus der Theorie abgeleiteten Schlussfolgerungen in erster Linie geprüft werden. Ich stelle zu diesem Zwecke zunächst die betreffenden Beobachtungen kurz zusammen.

Schon Röntgen gelangte zu dem wichtigen Resultate, dass die Grösse der Absorption in einem gesetzmässigen Zusammenhange mit der Dichte der durchstrahlten Stoffe steht, und führt in seiner ersten Veröffentlichung folgende Versuchsergebnisse an: „Papier ist sehr durchlässig; hinter einem eingebundenen Buch von ca. 1000 Seiten sah ich den Fluorescenzschirm noch deutlich leuchten, die Druckerschwärze bietet kein merliches Hindernis. Ebenso zeigte sich Fluorescenz hinter einem doppelten Whistspiel; eine einzelne Karte zwischen Apparat und Schirm gehalten macht sich dem Auge fast gar nicht bemerkbar. — Auch ein einfaches Blatt Stanniol ist kaum wahrzunehmen; erst nachdem einige Lagen übereinander gelegt sind, sieht man ihren Schatten deutlich auf dem Schirm. — Dicke Holzblöcke sind noch durchlässig; 2 bis 3 cm dicke Bretter aus Tannenholz absorbiren nur sehr wenig. Eine ca. 15 mm dicke Aluminiumschicht schwächte die Wirkung recht beträchtlich, war aber nicht im Stande, die Fluorescenz ganz zum Verschwinden zu bringen. Mehrere Centimeter dicke Hartgummischeiben lassen noch Strahlen hindurch. Glasplatten gleicher Dicke verhalten sich verschieden, je nachdem sie bleihaltig sind (Flintglas) oder nicht; erstere sind viel weniger durchlässig als letztere. — Hält man die Hand zwischen den Entladungsapparat und den Schirm, so sieht man die dunkleren Schatten der Handknochen in dem nur wenig dunklen Schattenbild der Hand. — Wasser, Schwefelkohlenstoff und verschiedene andere Flüssigkeiten erweisen sich in Glimmergefässen untersucht als sehr durchlässig. — Dass Wasserstoff wesentlich durchlässiger wäre als Luft habe ich nicht finden können. — Hinter Platten aus Kupfer, bez. Silber, Blei, Gold, Platin ist die Fluorescenz noch deutlich zu erkennen, doch nur dann, wenn die Plattendicke nicht zu bedeutend ist. Platin von 0,2 mm Dicke ist noch undurchlässig; die Silber- und Kupferplatten können schon stärker sein. Blei in 1,5 mm Dicke ist so gut wie undurchlässig und wurde deshalb häufig wegen dieser Eigenschaft verwendet. — Ein Holzstab mit quadratischem Querschnitt (20 × 20 mm), dessen eine Seite mit Bleifarbe weiss angestrichen ist, verhält sich verschieden, je nachdem er zwischen Apparat und Schirm gehalten wird; fast vollständig wirkungslos, wenn die X-Strahlen parallel der angestrichenen Seite durchgehen, entwirft der Stab einen dunklen Schatten, wenn die Strahlen die Anstrichfarbe durchsetzen müssen. — In eine ähnliche Reihe, wie die Metalle, lassen sich ihre Salze, fest oder in Lösung, in Bezug auf ihre Durchlässigkeit ordnen.“

Ueber diese rein qualitativen Versuchsergebnisse ist der grosse Haufe von Physikern und Aerzten, welche Röntgens Beobachtungen nachmachten, nicht hinaus gelangt; dies ist auch der Grund, weswegen ich den Originalbericht Röntgens selbst angeführt habe, da ich dadurch der Mühe überhoben wurde, aus dem unendlichen Wust der physikalisch gar nicht verwertbaren Einzelbeobachtungen über die Absorption der Röntgenstrahlen die wenigen brauchbaren Brocken abzuscheiden. Ich weise an dieser Stelle neben den unten ausführlich besprochenen wirklich wissenschaftlichen Beobachtungen von Fachphysikern noch auf die Versuche von Dr. Sehrwald über die Durchlässigkeit der Halogene und ihrer Salze hin, da dieselben sich gegenüber den landläufigen Arbeiten durch ihr wissenschaftliches Bestreben recht vorteilhaft kennzeichnen und durch dieselben die zuletzt angeführten Versuche Röntgens über die Metallsalze in besonderen Fällen Bestätigung gefunden haben. Die diesbezüglichen Versuche sind in der „Deutschen medizinischen Wochenschrift" Jhrg. 1896 veröffentlicht worden, haben aber in der physikalischen Litteratur meines Wissens nur wenig Beobachtung gefunden, obwohl sie neben Röntgens Angaben und den unten zusammengestellten physikalischen Messungen über das Absorptionsvermögen einzelner Stoffe für die Röntgenstrahlen am brauchbarsten sind. Erwähnung dürften hier noch die Arbeiten von Dr. Walter über diesen Gegenstand verdienen; dieselben sind in den „Fortschritten auf dem Gebiete der Röntgenstrahlen" veröffentlicht worden.

Da jedoch die rein qualitativen Messungen, wie die vorstehenden und die erstgenannten, über das eigentliche Wesen der X-Strahlen keine Aufklärung zu geben vermögen, so hat schon Röntgen, um eine Beziehung zwischen Durchlässigkeit und Schichtendicke finden zu können, photographische Aufnahmen gemacht, bei denen die photographische Platte zum Teil mit Stanniolschichten von stufenweise zunehmender Blätterzahl bedeckt war, und beabsichtigt, photometrische Messungen mittelst eines geeigneten Photometers anzustellen. Meines Wissens hat Röntgen die diesbezüglichen Versuche noch nicht veröffentlicht. Die vorläufigen Resultate, welche er damals erhalten hat, habe ich schon auf S. 53 erwähnt und an der Hand derselben gezeigt, dass für Pt, Pb und Zn die von der Theorie geforderte Beziehung besteht, dass das Absorptionsvermögen der brechenden Kraft proportional, also

$$(n^2 - 1) \, . \, d = \text{Const.}$$

ist.

Diese Versuche wurden von Oskar Zoth vervollständigt und in Wiedemanns Ann. N. F. 58 (1896) S. 344 bis 356 veröffentlicht. Aus zwei einfachen Versuchen zur Bestimmung des Ausgangsortes der divergenten Strahlung von Crookesschen Röhren zieht der Verfasser zunächst die Schlussfolgerung, dass die Hauptmasse der divergenten Röntgen'schen Strahlung nur aus der Richtung von einem beschränkten Flecke der Rohrwand ganz nahe der Mitte der der Kathode gegenüber liegenden Seite des Rohres ausgeht; sodann geht er über zur Beschreibung der Versuche über die Durchlässigkeit der Körper gegen die Röntgen'sche Strahlung im Vergleich mit der Durchlässigkeit von Zinn. Mit Recht wird in der Einleitung auf die Schwierigkeit hingewiesen, welche derartige Versuche bereiten, da der Ausdehnung solcher Untersuchungen in dem vorläufigen Mangel eines vergleichbaren Maasses der Durchlässigkeit und damit der wenn auch nur beiläufigen zahlenmässigen Bestimmung derselben ein schwer zu überwindendes Hindernis entgegenstehe; denn es gehe nicht an, verschiedene photographische Aufnahmen, die selbst bei einer und derselben Versuchszusammenstellung zu verschiedenen Zeiten gemacht worden sind, ohne weiteres mit einander zu vergleichen, wenn man die veränderliche Wirksamkeit der Crookesschen Röhren, die Einflüsse der Plattenbeschaffenheit und des Entwickelungsvorganges einigermassen in Betracht zieht.

Zu den Versuchen wurden schmale Streifen reiner Zinnfolie von 0,01 mm Dicke geschnitten und mit arabischen Gummis auf einem dünnen Kartonblatte stufenartig übereinander geklebt, so dass die aufeinander folgenden Stufen um je ein, zwei oder mehr Stanniolblätter gegen die benachbarten anstiegen. Die Durchlässigkeit verschiedener Substanzen im Verhältnis wurde nun durch den Bruch $\frac{d}{d_1} = D$ ausgedrückt. Die erhaltenen Versuchsresultate hat Oskar Zoth in der nachfolgenden Tabelle, welche a. a. O. auf S. 352 steht, zusammengestellt:

A. Flüssigkeiten.

	d	d.	D	Dichte
1. Alkohol (Aethyle, 95%)	24	0,04	600	0,81
2. Glycerin	24	0,08	300	1,26
3. Wasser (destillirt)	24	0,08	300	1,00
4. Chlornatriumlösung (concentrirt)	24	0,18	150	1,20

B. Amorphe Substanzen.

	d	d.	D	Dichte
5. Korkholz	12,2	0,005	2450	0,24
6. Ahornholz	4,	0,005	800	0,65
7. Wachs (weisses)	10,	0,015	670	0,97
8. Braunkohle	2,2	0,01	220	1,2
9. Ebonit	3	0,02	150	1,2
10. Bein	3	0,06	50	2,1
11. Solinglas	0,75	0,02	37	2,6
12. Spiegelglas	1,75	0,06	29	3,1

C. Crystallsubstanzen.

	d	d_1	D	Dichte
13. Bergkrystall (1—2 m/m)	2	0,06	33	2,6
14. Gyps	2,6	0,10	26	2,3
15. Steinsalz	4,75	0,20	24	2,1
16. Glimmer (Kalie)	0,6	0,04	15	2,8
17. Kupfersulfat	3	0,20	15	2,3
18. Doppelspath	2,1	0,16	13	2,7

D. Metalle.

	d	d_1	D	Dichte
19. Magnesium (Band)	0,18	0,005	36	1,7
20. Aluminium (Blech)	0,5	0,02	25	2,7
21. Zinn (Folie)	1—20 Bl.	1-20	1	7,3
22. Cadmium (gehämmert)	0,13	0,14	0,8	8,67
23. Blei (gehämmert)	0,04	0,14	0,29	11,38
24. Gold (Blech)	0,05	0,18	0,28	19.33
25. Platin (Blech)	0,1	0,40	0,25	21,5

Wie der Autor selbst sagte, soll die vorstehende Zusammenstellung nur die Verwerthbarkeit der Methode erläutern, und die Zahlen sollen keinen Anspruch auf grosse Genauigkeit machen, weil dazu besonders für die durchlässigsten und die undurchlässigsten Materialien noch Versuche mit sehr dicken und sehr dünnen homogenen Schichten sowie Controlversuche mit den Schichtdickenverhältnissen $D_1 : D_2 : D_3$ etc. durchgeführt werden müssten. Indessen können gleichwohl diese und die schon früher benützten Röntgenschen Versuche als ein vergleichbares Maass für die Durchlässigkeit der untersuchten Stoffe und demgemäss zur Prüfung der von mir abgeleiteten theoretischen Schlussfolgerungen benutzt worden.

Beobachtungen über die Wellenlänge der Röntgenstrahlen.

Damit die vorstehenden Versuche mit den entsprechenden Vorgängen bei den Licht-, Wärme- und Elektricitäts-Strahlen verglichen und die theoretischen Schlussfolgerungen auf ihre Richtigkeit hin geprüft werden können, ist die Kenntniss der Grösse des Brechungsexponenten oder der Wellenlänge wenigstens eines der Stoffe erforderlich, deren Absorptionsvermögen von O. Zoth beobachtet worden ist, weil sonst eine Umrechnung der Beobachtungen auf die von mir auf Seite 51 benutzte Maasseinheit nicht durchführbar ist. Versuche über die Wellenlänge der Röntgenstrahlen wurden von G. Sagnac in Compt. rend. 122 No. 13, von L. Calmette und E. T. Lhuillier in Compt. rend. 122 No. 16 und von L. Fomm in Wied. Ann. N. F. 59 (1896) S. 350 bis 353 veröffentlicht. Da die X-Strahlen, wie durch mehrfache misslungene Versuche nachgewiesen war, keine nennenswerthe Zurückwerfung und Brechung aufweisen, so benutzten die vorerwähnten Forscher den noch übrig bleibenden Weg der Beugung, um die Wellenlänge der Röntgenstrahlen zu ermitteln. Bei den Versuchen von L. Fomm schwankte die Breite der beugenden Oeffnung zwischen 2 bis 0,1 m/m und der Schirmabstand zwischen 10 und 50 cm. Bei 0,1 m/m Spaltbreite war bereits eine Expositionszeit von 50 Minuten nöthig. Wegen der Wichtigkeit, welche diese Versuche für die Entscheidung über das Wesen der Röntgenstrahlen besitzen, lasse ich hier nachstehende Angaben des Autors über dieselben folgen:

„Die erhaltenen Aufnahmen zeigen alle einen gemeinsamen Typus. Das Spaltbild ist seiner Grösse nach das geometrisch bedingte Abbild der Strahlenquelle, d. h. es lässt sich keine Verbreiterung nachweisen. Zu Seiten dieses Bildes sind keine Interferenzstreifen, d. h. Maxima und Minima wahrzunehmen; dagegen zeigt sich das Innere des Spaltbildes von hellen und dunklen Streifen durchzogen, eine Erscheinung, wie sie bei gewöhnlichem Lichte auftritt, wenn man den Beugungsspalt gross wählt. Diese Aufnahmen, welche ich bereits im Monat März erhielt, stellten zwar die Wellennatur der Röntgenstrahlen fest, gestatteten aber leider keine Berechnung der Wellenlänge, da ihnen die genügende Schärfe fehlte, um Abstand und Zahl der Streifen einer genauen Messung zu unterwerfen. Immerhin zeigte der Charakter der Beugungsbilder, verglichen mit ähnlichen Erscheinungen bei gewöhnlichem Lichte, dass man es mit sehr kleinen Wellen zu thun habe.

Gelegentlich weiterer Versuche hatte ich glücklich die Abstände der Lichtquelle von Beugungsspalt und photographischer Platte und die Breite der beugenden Oeffnung so gewählt, dass in der Mitte des Spaltbildes ein erstes Minimum auftrat. Hiermit war nun die Möglichkeit geboten, in einfacher Weise die Wellenlänge zu berechnen.

Lässt man die Strahlen einer schmalen, homogenen Lichtlinie durch einen genügend engen Spalt auf einen Schirm fallen, so entstehen bekanntlich zu beiden Seiten des directen Spaltbildes helle und dunkle Streifen (Maxima und Minima). Erweitert man nun bei sonst constanter Aufstellung die beugende Oeffnung immer mehr und mehr, so ziehen sich diese Interferenzstreifen enger und enger gegen das Mittelbild hin zusammen, und plötzlich erscheint in letzterem in der Mitte ein dunkler Streifen, das erste Minimum.

Fährt man mit der Vergrösserung der beugenden Oeffnung fort, so macht dieses Minimum einem Maximum Platz, wodurch zwei Minima entstehen, und so fort.

Aus diesen Beobachtungen hat L. Fomm mit Hülfe der Formeln und Tabellen, welche Prof. Dr. v. Lommel in seiner Abhandlung „Die Beugungserscheinungen geradlinig begrenzter Schirme“ berechnet hat, die Wellenlänge der Röntgenstrahlen ermittelt und $\lambda = 0{,}000014$ m/m gefunden, also einen 15 mal kleineren Werth als die bisher untersuchte kleinste Wellenlänge im Ultraviolett. G. Sagnac hat bei seinen Versuchen ein Drahtgitter benutzt und aus einer kaum messbaren Verbreiterung des Spaltbildes eine obere Grenze von 0,00004 m/m als Wellenlänge ermittelt, während Calmette und Lhuillier zwar Beugungsversuche mit zwei Spalten angestellt und ebenfalls helle und dunkle Streifen erhalten, aber die Grösse der Wellenlänge nicht berechnet haben. Die vorstehenden Versuche lassen mit Sicherheit erkennen, dass die Röntgenstrahlen Schwingungen des Aethers von ausserordentlich kleiner Wellenlänge sind und demgemäss die Anwendung der Sellmeierschen Absorptionstheorie auf die Röntgenstrahlung vollkommen berechtigt ist.

Das Absorptionsgesetz der Röntgenstrahlen.

Das ausserordentlich wichtige Ergebnis der Versuche von Röntgen und Zoth besteht darin, dass die Undurchlässigkeit bei zunehmender Blattzahl, d. h. mit wachsender Schichtdicke verhältnismässig rasch zunimmt. Wenn auch das Gesetz dieser Zunahme aus den Beobachtungen noch nicht sicher hergeleitet werden kann, so geht doch daraus mit grosser Wahrscheinlichkeit hervor, dass die Schwächung der Strahlung in den einzelnen auf einander folgenden gleich dicken Schichten einer Substanz in geometrischer Reihe abnimmt, wenn die Schichtdicke in arithmetischer Reihe zunimmt, dass somit die Schwächung in der ganzen Schichtdicke in einer geometrischen Reihe zunimmt, wenn die Schichtdicke in arithmetischer Reihe wächst. Dies entspricht dem Kirchhoffschen Strahlungsgesetze für die Lichtschwingungen, ist also ein Beweis mehr für die Gleichartigkeit beider Wellenarten. Eine genauere Untersuchung des Gesetzes über die Strahlungsabnahme mit der Schichtdicke an der Hand zahlreicher Versuche und Messungen dürfte wegen der Wichtigkeit, welche die Strahlung für die theoretische Erklärung der Röntgen-Strahlen und der durch dieselben bedingten Erscheinungen gemäss den Ausführungen auf S. 52, von allgemeinem wissenschaftlichen Interesse sein und die aufgewandte Zeit und Mühe wohl lohnen, da dadurch ein weiterer Beitrag zu dem Grundgesetze von der Einheit der Naturkräfte geliefert werden würde.

Wenn auch bei den oben zusammengestellten Zothschen Beobachtungen diesem Umstande nicht Rechnung getragen worden ist, so gebührt denselben gleichwohl für die Theorie der Röntgenstrahlen auch so eine ausserordentliche Bedeutung; denn mit ihrer Hülfe lässt sich durch eine ziemlich einfache Umrechnung der unanfechtbare Nachweis führen, dass die Röntgenstrahlen beim Durchgang durch verschiedene Stoffe in demselben Verhältnis wie die Licht- und Wärmestrahlen geschwächt werden. Aus der Grundgleichung (I)

$$V = (n^2 - 1) \cdot \frac{2\pi^2}{\tau^2} \cdot m' (a')^2$$

ist abgeleitet worden, dass das Absorptionsvermögen der brechenden Kraft direct, dagegen der dafür als Maass dienende reciproke Wert desselben, der sogenannte Extinctionscoefficient, der brechenden Kraft umgekehrt proportional ist. Für die Licht- und Wärmestrahlen beweist dies die auf S. 51 zusammengestellte Tabelle. Um mit den daselbst gefundenen Zahlenwerten die Zoth'schen Beobachtungen vergleichen zu können, habe ich dieselben so umgerechnet, dass die Schwächung der Röntgenstrahlen auf Platin von derselben Schichtdicke wie dort, also von $27 \cdot 10^{-5}$ m/m, bezogen wird. Allerdings wird bei dieser Umrechnung, da das Gesetz, nach welchem die Schwächung mit der Schichtdicke sich ändert, noch nicht sicher nachgewiesen und daher die Schwächung der Strahlung bei so geringen Schichtdicken der letzteren einfach proportional gesetzt ist, ein kleiner Fehler begangen; indessen zeigt ein Vergleich der erhaltenen Schichtdicken mit dem auf S. 51 angegebenen deutlich, dass die Schwächung der Röntgenstrahlen derjenigen der Lichtstrahlen vollständig entspricht. Die ersten drei Reihen sind dieselben wie in der Tabelle auf S. 51, während die vierte Zahlenreihe durch Multiplikation der fünften Reihe mit $1{,}08 \cdot 10^{-5}$ erhalten ist und die fünfte Reihe die von Zoth gefundenen Quotienten $D = \frac{d}{d_1}$ darstellt.

Stoffe	$\frac{1}{\alpha}$ ber.	$\frac{1}{\alpha}$ beob. Wien	$\frac{1}{\alpha}$ beob. Zoth $= D \cdot 1{,}08 \cdot 10^{-5}$	$D = \frac{d}{d_1}$ beob. Zoth
Ag	$3 \cdot 10^{-5}$mm	$3 \cdot 10^{-5}$mm		
Cu	4. „ „	?		
Au	5. „ „	5. „ „	$30 \cdot 10^{-5}$mm	0,28
Al	9. „ „	?	270. „ „	25 (sicher zu gross)
Zn	11. „ „	?	150. „ „	
Fe	20. „ „	36. „ „		
Pt	27. „ „	?	27. „ „	0,25
Pb	37. „ „	?	31. „ „ (75. Röntgen)	0,29

Stoffe	$\frac{1}{\alpha}$ ber.	$\frac{1}{\alpha}$ beob. Wien	$\frac{1}{\alpha}$ beob. Zoth $= D . 1,08 . 10^{-5}$	$D = \frac{d}{d_1}$ Beob. Zoth
Cd			$97 . 10^{-5}$ mm	0,9
Sn			108. „ „	1,0
Mg			389. „ „	36 (sich. zu gross)
Doppelspath			$14 . 10^{-4}$ „	13
Kupfersulfat			16. „ „	15
Glimmer (Kali-)			16. „ „	15
Steinsalz			26. „ „	24
Gyps			28. „ „	26
Bergkrystall			36. „ „	33
Spiegelglas	* $1 . 10^{-5}$ „		$3 . 10^{-3}$ „	29
Solinglas			4. „ „	37
Bein			5. „ „	50
Ebonit			16. „ „	150
Braunkohle			24. „ „	220
Wachs			72. „ „	670
Ahornholz			86. „ „	800
Korkholz			265. „ „	2450
Chlornatrium-lösung concentr.	* $25 . 10^{-2}$ „ (für 20 % Lösung)		$1,6 . 10^{-2}$ „	150
Wasser (destillirt)			3,2. „ „	300
Glycerin			3,2. „ „	300
Alkohol (Aethyl-, 95 %)			6,4. „ „	600
Luft	$3,7 . 10^{-2}$ „	kleiner als 10^3 mm nach Langtey	* $0,4 . 10^{+2}$ „	
O	4. „ „		*0,41. „ „	
H	7,8. „ „		*0,8. „ „	
N	5,3. „ „	$1,7 . 10^{+2}$ „ (Rojove-Ransen)	*0,37. „ „	
Cl	1,4. „ „		*0,15. „ „	

Nimmt man nun an, dass die Brechungsexponenten der Röntgenstrahlen sich in demselben Verhältnis wie die Brechungsexponenten der Lichtstrahlen für verschiedene Stoffe ändern, so kann man die Exstinctionscoefficienten der verschiedenen Stoffe aus dem für das Wasser von Zoth beobachteten Werte und den Brechungsexponenten nach der auf S. 52 aufgestellten Formel

$$n^2 - 1 : n_{,}^2 - 1 = \frac{1}{\alpha_{,}} : \frac{1}{\alpha}$$

berechnen. Die so erhaltenen Zahlenwerte sind in der Tabelle mit einem * bezeichnet. Der berechnete Exstinctionscoefficient der Chlornatriumlösung für Röntgenstrahlen stimmt mit dem von Zoth erhaltenen Zahlenwert genügend überein, so dass die benutzte Berechnungsmethode sich auch für die übrigen Stoffe ohne Anstoss benutzen lassen und die Richtigkeit der so ermittelten Zahlen durch weitere genauere Beobachtungen bestätigt werden dürfte. Es eröffnet sich hier der Experimentalforschung auf dem Gebiete der Röntgenstrahlen ein weites und lohnendes Arbeitsfeld. Vor allen Dingen müssen, wenn anders die Theorie der Röntgenstrahlen sich gedeihlich weiter entwickeln soll, die Schwächungscoefficienten für die chemischen Elemente und die einfachsten Verbindungen derselben und zwar, wenn irgend möglich, für alle drei Aggregatzustände genau bestimmt werden. Alsdann kann man mit einiger Aussicht auf Erfolg die Frage entscheiden, ob die Röntgenstrahlen in ihrem physikalischen und chemischen Verhalten mit den Licht-, Elektricitäts- und Wärme-Strahlen übereinstimmen oder nicht.

Das Gesetz der Absorptionsäquivalente.

Die ersten Spuren des hier zu begründenden Gesetzes der Absorptionsäquivalente finden sich bereits in dem ersten Theile der „Elementaren Physik des Aethers“ S. 65. Die Grundlagen desselben bilden die daselbst auf S. 1 und ff. entwickelten Grundgesetze der Materie, nach welchen die Wirkungsgesetze der Materie nicht blosse Raum- oder blosse Zeitgesetze sein können, sondern raumzeitlicher Natur sein, d. h. auf in Raum- und Zeitelementen erfolgenden und dem Krafterhaltungsgesetze gehorchenden Schwingungen unveränderlicher Elementartheile beruhen müssen und nach deren dritten bis jetzt wenig oder fast garnicht in der Physik und Chemie beachteten Grundgesetze die Atome ihre sämmtlichen Grundeigenschaften unter allen Umständen qualitativ und quantitativ unverändert beibehalten, mögen sie sich miteinander vermischen oder auch zu chemischen Verbindungen oder zu grösseren Atomgruppen vereinigen.

Betrachtet man von diesem Standpunkte aus die Schwächung der Aetherschwingungen des Lichtes, der Wärme, der Elektrizität und der Röntgenstrahlung beim Durchgang durch die chemischen Elemente und durch ihre einfachsten Verbindungen, so wird man schon durch die wenigen oben angeführten Versuche von Röntgen und Zoth nach der Sellmeierschen Absorptionstheorie und mit Rücksicht auf die Untersuchungen von Landolt, Dale und Gladstone über die Refractionsäquivalente zu einer höchst einfachen gesetzlichen Beziehung zwischen dem Absorptionsvermögen der Elemente und demjenigen der daraus gebildeten Verbindung geführt.

Die chemischen Verbindungen entbinden, wie die Arbeiten von Lavoisier, Dalton, Faraday, Hesse u. a. gezeigt haben, bei der Vereinigung nach bestimmten Gewichtsmengen gemäss dem Daltonschen Gesetze auch damit in gewissem Zusammenhange stehende Wärmemengen, die seit Lavoisier von den Chemikern durch zahlreiche Versuche gemessen und seit Hesse in der Thermochemie systematisch verarbeitet worden sind, während gleichzeitig der umgekehrte Prozess gemäss dem Faradayschen Gesetz der elektrochemischen Aequivalente, nämlich die Trennung der chemischen Elemente nach den gleichen unabänderlichen Gewichtsverhältnissen durch Aufwendung der gleichen bei der Verbindung entbundenen Wärmemenge in Form elektrischer Kraft, durchgeführt und als Mittel zur Bestimmung der Verbindungs- bezw. Trennungswärme, d. h. der sogenannten Wärmetönung, in ausgedehntestem Maasse verwerthet wurde. Eine mechanische Vertiefung dieser Gesetze und Erklärung des thatsächlich vorhandenen inneren Zusammenhanges von einem einheitlichen und umfassenden Princip aus ist seit dem bis heute immer noch einzig in seiner Art dastehenden „Versuch einer chemischen Statik“ von Claude Louis Berthollet (Essai de Statique chimie, Paris, au IX. 1803) in gleich umfassender Weise weder versucht noch auch gegeben worden, obgleich seit der Begründung der mechanischen Wärmetheorie durch Robert Mayer das zu der Lösung dieser schwierigen Aufgabe erforderliche Rüstzeug beschafft wurde. In dem zweiten Theile der „Elementaren Physik des Aethers“ S. 123 u. ff. habe ich den Grundgedanken zu entwickeln gesucht, den man bei der Lösung dieses wichtigen Problems nach dem Entwickelungsgang der Physik und Chemie im Laufe dieses Jahrhunderts wird einschlagen müssen, wenn man dem erstrebten Ziele näher kommen will.

Die oben erwähnten Versuche von Dr. Sehrwald und Dr. Walter, welche einen Zusammenhang zwischen dem Absorptionsvermögen der chemischen Elemente und ihren Verbindungen für die Röntgenstrahlen aufzudecken versuchen, haben mich veranlasst, dies Problem in seinem a. a. O. gekennzeichneten Umfange mit Bezug auf sämmtliche Strahlengattungen wiederaufzunehmen, um etwas Klarheit in die theoretischen Grundlagen dieses äussersten Ausläufers der wissenschaftlichen Forschung auf dem Grenzgebiete der Chemie und Physik zu bringen. Zu diesem Zwecke gebe ich hier zunächst zum besseren Verständniss der nachfolgenden Untersuchungen, welche sich direkt an die oben aufgestellten und entwickelten allgemeinen Grundgleichungen auf S. 54 anschliessen und sich darauf stützen, den Hauptinhalt jener Auseinandersetzugen wieder, so dass auch der gebildete Laie und Philosoph selbst ohne besondere Fachkenntnisse meinen Ausführungen wird folgen können. Eine solche rein gedankliche Darstellung und Entwickelung des Grundgedankens ist nothwendig, da man nur dadurch zu einem klaren Verständniss von dem inneren Zusammenhange gelangt, welcher zwischen den wirksamen Massen, den Atomgewichten und den durch Vereinigung derselben zu einer Verbindung entbundenen Wärmemengen thatsächlich besteht.

Nach den Ausführungen a. a. O. ist die ausgesandte strahlende Materie, d. h. die von der strahlenden Materie ausgehende Wellenmenge, allein der letzte Grund der gegenseitigen Anziehung der Massen. Hieran knüpfte ich folgende Schlussfolgerungen:

Ist der Satz „Massen-Anziehung und strahlende Wärme sind einander äquivalent“ richtig, so liegt der Schluss nicht allzufern, dass in allen Fällen, wo wir eine innigere Vereinigung von Massentheilchen wahrnehmen, eine gleichwerthige Menge strahlender Wärme frei werden muss, dass aber auch umgekehrt überall, wo wir Wärme verschwinden sehen, eine Dissociation der einzelnen Theilchen eintreten muss. Ebenso wie die allgemeine Attraktion der kosmischen Körper (vergl. „Schwerkraftstrahlen“) sind demnach sämmtliche physikalische uud chemische Erscheinungen und Vorgänge, welche mit Volumenänderungen verbunden sind, eine mechanische Wirkung der im äquivalenten Verhältnisse abgegebenen, beziehungsweise aufgenommenen strahlenden Wärme. *) Die Wärme- und Volumenänderungen sind also bei sämmtlichen Erscheinungen, mögen dieselben der kosmischen Mechanik oder mögen sie den Gebieten der Physik im allgemeinen oder auch der Chemie angehören, einander stets in gleicher Weise äquivalent, sind also denselben mechanischen Gesetzen unterworfen.

Die Kräfte, wodurch die chemischen Erscheinungen entstehen rühren nach der älteren Anschauung von der gegenseitigen Anziehung zwischen den Molecülen der Körper her, welcher man den Namen Verwandtschaft gegeben hat, um sie von der astronomischen (allgemeinen) Anziehung zu unterscheiden. Da indessen nach meiner Anschauung die Verwandtschaft ihrem Ursprunge nach von der allgemeinen Anziehung nicht verschieden ist, so muss sie sich ebenfalls nach denjenigen Gesetzen richten, welche die Mechanik für die von der Wirkung der Masse abhängigen Erscheinungen festgesetzt hat. Sie muss also in erster Linie der Masse direkt proportional sein; ferner muss sie als Kraft bei ihrer Wirksamkeit sich nach dem auf S. 39 u. ff. aus der Wellentheorie abgeleiteten allgemeinen Gesetze über die Beziehung einer Kraft zu ihrer räumlichen Wirkungsgelegenheit bethätigen. Wie die chemischen Verbindungen ohne Ausnahme, freilich die einen mehr, die anderen weniger, mit Temperaturänderungen verbunden sind, ebenso beobachtet man stets bei ihrer Bildung geringere oder grössere Volumenänderungen, d. h. die Entfernung der Molecüle der Verbindungen von einander ist in der Regel von derjenigen, welche die Molecüle der die Verbindung ergebenden Elemente im isolirten Zustande besitzen, erheblich verschieden. Ich will beispielsweise nur an die bedeutende Volumenverminderung und damit gleichzeitige Wärmeentbindung bei der Vereinigung von H_2 und O zu H_2O erinnern. Die Temperaturänderungen nun, welche das Resultat chemischer Verbindungen sind, stehen zu den gleichzeitig eingetretenen Volumenänderungen in nothwendigem Zusammenhange; mit anderen Worten, die chemische Wärme ist nicht die Ursache, sondern die Folge jener Volumenänderungen, weil sie nur nach Massgabe derselben bemerkbar und erkenn-

*) Ich führe immer nur die Wärme an, ohne die anderen Wellengattungen des Lichts, der Elektrizität, der Röntgenstrahlung u. s. w. noch besonders zu erwähnen. Der Verfasser.

bar wird. Indessen mit gleichem, ja noch grösserem Rechte kann man diesen natürlichen Sachverhalt so auffassen, dass man die Volumenänderungen als die räumliche Wirkung der freiwerdenden Wärme, die Wärme also als die Ursache derselben ansieht und nicht umgekehrt. Dies entspricht nicht nur der Auffassung von der Aequivalenz der Wärme mit ihrer räumlichen Bethätigungsform besser, sondern steht auch im Einklang mit der Zurückführung der Affinität auf die die Wärmestrahlung bedingende brechende Kraft der einzelnen Elemente (vergl. „Physik des Aethers" S. 65), da letztere ja nur das Maass der von den wirksamen Massen ausgesandten beziehungsweise aufgenommenen Strahlenmenge ist.

An dem daselbst gegebenen Beispiele des Wassers wurde gezeigt, dass die durch die Volumenverminderung entbundene Wärmemenge ganz unabhängig von dem Wege ist, auf welchem dieselbe erfolgt; denn man erhält dieselbe Wärmemenge, wenn H_2 und O gesondert, d. h. jeden für sich auf den Dichtigkeitsgrad im Wasser bringt. In dem vorliegenden Falle kann man dies entweder durch Compression oder auch durch Absorption mittelst Platin-, bezw. Palladiummohrs bewirken. Die Summe der beiden durch Absorption erzeugten Wärmemengen muss dann gemäss dem oben erwähnten Grundgesetz der Materie gleich der durch die chemische Verbindung der beiden Elemente gewonnenen Wärme sein. Die Verbrennungswärme 1 kg. Wasserstoff mit 8 kg. Sauerstoff beträgt nach den genauen Beobachtungen von Favre und Silbermann 34462 Wärmeeinheiten; ferner beweist die Beobachtung, dass thatsächlich bei der Absorption von 1 g Wasserstoff durch Platin 9,5 Wärmeeinheiten, bei der Absorption von 8 g Sauerstoff durch Platin 25 Wärmeeinheiten, also durch die 9 g der beiden Gase 9,5 + 25 = 34,5 Wärmeeinheiten, demnach durch 1 kg. Wasserstoff und 8 kg Sauerstoff bei ihrer Absorption mittelst Platin 34500 Kalorien, entsprechend der Verbrennungswärme eines kg H in 8 kg O, frei werden. Leider sind meines Wissens die entbundenen Wärmemengen bei der von R. Pictet und S. Cailletet bewirkten Verflüssigung des Wasserstoffs und Sauerstoffs nicht gemessen worden; die erreichten Resultate würden eine sichere Entscheidung über die Gültigkeit des hier theoretisch abgeleiteten Gesetzes möglich gemacht haben.

Die durch die Raumverminderung entbundenen Wärmemengen werden, wie schon vorhin bemerkt wurde, durch die als Maass des Absorptions- oder Emissionsvermögens dienende brechende Kraft $n^2 - 1$ gekennzeichnet; es müssen demnach dem sachlichen Vorgang entsprechend die brechenden Kräfte mit abnehmenden Volumen grösser und mit zunehmenden Volumen kleiner werden, also dem Volumen umgekehrt proportional sein. Für unser Beispiel ist das Volumen von $H_2 + O$ vor der Vereinigung gleich rund 22222 Liter + 12300 Liter = 34522 Liter, nach der Vereinigung gleich 18 Liter, während die brechende Kraft des Gasgemisches vor der Vereinigung gleich 0,000366 und die brechende Kraft des gebildeten Wassers 0,69 ist. Nach der Theorie muss sich verhalten

$\frac{34522}{18} = \frac{0,70}{0,000365}$. Durch Ausrechnen der beiden Quotienten erhält man 1973 = 1920, auf beiden Seiten also fast genau denselben Wert. Aus der vorstehenden Gleichung erhält man bekanntlich das neue Verhältnis 34522 — 18 : 0,70 — 0,000365 = 34522 : 0,70, d. h. in Worten „die Zwischenvolumenänderung verhält sich zum Unterschied zwischen der brechenden Kraft der entstandenen Verbindung und der brechenden Kraft des Gemisches aus den Elementen vor der Verbindung wie die entbundene Wärmemenge zur brechenden Kraft der erhaltenen Verbindung.“

Andererseits kann man aber auch setzen

$$34522 - 18 : 0,70 - 0,000375 = 18 : 0,000365.$$

Die vorstehenden Beziehungen haben sich aus dem Grundgesetz ergeben, dass die Atome ihre Grundeigenschaften unter allen Umständen qualitativ und quantitativ unverändert beibehalten, mögen sie sich miteinander vermischen oder auch zu chemischen Verbindungen oder zu grösseren Atomgruppen vereinigen. In dem vorliegenden Falle ist die Wärmeabgabe und die dadurch bedingte Veränderung des Zwischenvolumens oder der brechenden Kraft für jedes Atom eine konstante Grösse; d. h. der Betrag der Wärmetönung, welcher den einzelnen Elementen eigen ist, stellt den Verlust oder den Gewinn an lebendiger Kraft der schwingenden Aetheratome der Gewichtseinheit eines

Elementes dar und ist nach der Grundgleichung auf S 61

$$V = \frac{n^2 - 1}{M} \cdot \frac{2\,\alpha^2}{\tau^2} \cdot m' \, (a')^2,$$

folglich, da nach den daselbst gegebenen Auseinandersetzungen $\frac{2\,\pi^1}{\tau} \cdot m' \, (a')^2$ als unveränderlich zu betrachten ist, der brechenden Kraft $n^2 - 1$ direkt, dem specifischen Gewichte M dagegen umgekehrt proportional. Diesen Quotienten $\frac{n^2 - 1}{M}$, der für jedes Element einen in allen Aggregatzuständen konstanten Wert besitzt, kann man nach den vorstehenden Auseinandersetzungen sowohl als auch nach der vorstehenden Grundgleichung als Maass des Betrages der Wärmetönung benutzen, welchen die Gewichtseinheit eines Elementes beim Eingehen einer chemischen Verbindung für seinen Teil entbindet. Nun vereinigen sich aber die Elemente nur nach bestimmten Gewichtsverhältnissen, den Atom- oder Verbindungsgewichten mit einander; folglich ist der Gesammtbetrag, welchen ein Element zur Wärmetönung beiträgt, gleich dem Produkt aus dem Quotienten $\frac{n^2 - 1}{M}$ und dem Atome oder Verbindungsgewicht a. Die gesammte Wärmetönung ist dagegen gleich der algebraischen Summe dieser Produkte, der sogenannten Absorptions- oder Schwächungs- bezw. Strahlungsäquivalente. Nach der benutzten Grundgleichung ist aber die erhaltene Wärmetönung auch gleich dem Produkt aus dem Quotienten der brechenden Kraft in die Dichte und dem Molekulargewicht, dem Absorptionsäquivalent der entstandenen Verbindung, so dass man den einfachen Satz erhält:

„Das Absorptionsäquivalent einer chemischen Verbindung ist gleich der Summe der Absorptionsäquivalente der darin enthaltenen Elemente oder Radicale. Diese Aequivalente sind gleichzeitig die Wärmetönungen der Einzelelemente und der Verbindungen.“

Dem hier abgeleiteten Gesetze sind Arago und Biot in ihren Untersuchungen über die brechenden

Kräfte von Gasgemischen ziemlich nahe gekommen, während Landolt, Dale und Gladstone von der von jener eingeschlagenen richtigen Basis wieder abgewichen sind. Das von Arago und Biot aufgefundene Gesetz bezieht sich nur auf Gasgemische, deren Bestandteile nicht chemisch auf einander wirken (Pogg. Ann. Bd. VI). So besteht z. B. 1 Volum Chlorwasserstoffgas aus $^1/_2$ Volumen Wasserstoff und $^1/_2$ Volumen Chlor, die ohne Condensation zusammentreten. In der Verbindung ist nun die Dichtigkeit des Wasserstoffgases die Hälfte von der des freien Wasserstoffgases unter gleichem Druck; ebenso die des Chlors. Nach dem Biot-Arago'schen Gesetzte sind daher die brechenden Kräfte, die der Luft unter gleichem Drucke gleich 1 gesetzt, des Wasserstoffs in der Verbindung $0{,}5 \cdot 0{,}470 = 0{,}235$, des Chlors in der Verbindung $0{,}5 \cdot 2{,}623 = 1{,}3115$, die der Verbindung gleich der Summe beider $= 1{,}5465$.

Die Beobachtung hat dagegen nach Wüllner Bd. II S. 161 für dieses zusammengesetzte Gas ergeben 1,527, der Unterschied 0,0195 ist viel zu gross, als dass er den möglichen Beobachtungsfehlern zugeschrieben werden könnte. Man beobachtet nach Dulongs Angabe im Fernrohr noch eine Verschiebung der Marke bei einem Druckunterschiede von 0,25 mm. Wäre demnach in diesem Falle die Beobachtung der brechenden Kraft der Chlorwasserstoffsäure um diesen ganzen Wert fehlerhaft, so würde der Fehler noch nicht 0.001 im schliesslichen Resultate ausmachen. Aehnliche Unterschiede zwischen Beobachtung und Rechnung, welche bei der Cyanwasserstoffsäure sogar auf 0,130 und beim Stickoxydul auf 0,228 steigen, nie aber einen kleineren Wert erhalten als in unserem Beispiele, zeigen alle übrigen zusammengesetzten Gase.

Im Gegensatz zum Gesetz von Biot und Arago, welches sich auf die brechende Kraft $n^2 - 1$ bezieht, habe ich gefunden, dass das Absorptionsäquivalent einer Verbindung, d. h. das Produkt aus dem Quotienten

$\frac{n^2-1}{d}$ dem sogenannten Brechungsvermögen und dem

Moleculargewicht (M), gleich der Summe der Absorptionsäqivalente der einzelnen Elemente, d. h. gleich der Summe der Producte aus den Quotienten

$$\frac{n_1{}^2-1}{d_1}, \quad \frac{n_2{}^2-1}{d_2} \ldots\ldots$$

und den Atom- oder Verbindungsgewichten a_1, $a_2 \ldots\ldots$ ist. Die dies Gesetz darstellende Formel lautet demnach

$$\frac{n^2-1}{d} \cdot M = \frac{n_1{}^2-1}{d_1} \cdot a_1 + \frac{n_2{}^2-1}{d_2} \cdot a_2 + \ldots\ldots$$

Um die Richtigkeit des aus der Wellentheorie abgeleiteten Gesetzes über die Aequivalente des Brechungsvermögens, bezw. über die Absorptionsäquivalente durch die Beobachtungen über die Brechungsexponenten chemischer Verbindungen nachweisen zu können, gehe ich auf das Gesetz von Gladstone, Dale und Landolt über die Refractionsäquivalente zurück und lasse daher zur Kennzeichnung dieses rein empirischen Gesetzes die kurze und klare Auseinandersetzung folgen, welche Lothar Meyer darüber in „Moderne Theorien der Chemie" gegeben hat, hier folgen:

„Aus den Untersuchungen von Gladstone und Dale (Phil. Trans. 158 u. 1863; Phil. Mag., vol. 17, p. 222; vol. 26, p. 484), Landolt (Pogg. Anm. 1862, Bd. 117, S. 353; 1864, Bd. 122, S. 545; Bd. 123, S. 595; Ann. Chem. Pharm. 1865, 4. Suppl.-Bd., S. 1) und Wüllner (Pogg. Anm. 1868, Bd. 133, S. 1—53) geht hervor, dass die jetzt gewöhnlich als Brechungsvermögen bezeichnete Grösse $n-1$ bei tropfbaren Flüssigkeiten sehr angenähert in derselben Weise mit der Temperatur veränderlich ist, wie die Dichte d, dass also das Verhältniss beider $\frac{n-1}{d}$ welches als specifisches Brechungsvermögen bezeichnet wird, von der Temperatur nahezu unabhängig ist. Diese Beziehung trifft zwar nicht genau, aber in grosser Annäherung zu, mag man nun unter n den Brechungsexponenten für homogenes Licht von einer bestimmten Farbe verstehen oder strenger nur den von der Farbe, also der Wellenlänge λ unabhängigen Teil A desselben, wie er sich aus der Cauchyschen Formel

$$n = A + \frac{B}{\lambda^2} + \frac{C}{\lambda^4} + \ldots\ldots$$

oder einer ähnlichen Interpolationsformel ergiebt.

Ferner hat sich aus denselben Untersuchungen von Gladstone und Dale sowie aus denen von Landolt ergeben, dass das specifische Brechungsvermögen einer Flüssigkeit sich aus denen ihrer Bestandteile nach der Formel

$$\frac{N-1}{D}\cdot P = \frac{n_1-1}{d_1}\cdot p_1 + \frac{n_2-1}{d_2}\cdot p + \frac{n_3-1}{d_3}\cdot p_3 + \ldots$$

zusammensetzt, in welcher N den Brechungsexponenten und D die Dichte der ganzen Flüssigkeit, n_1, n_2, n_3 u. s. w. die Brechungsexponenten und d_1, d_2, d_3 u. s. w. die Dichtigkeiten ihrer einzelnen Bestandteile, p_1, p_2, p_3 u. s. w. aber die Gewichtsmengen der letzteren bezeichnen, welche in dem Gewichte P der Mischung oder Verbindung enthalten sind; und zwar gilt diese Regel zwar nicht ganz streng und ausnahmslos, doch in grösserer oder geringerer Annäherung sowohl für homogene chemische Verbindungen als auch für Gemische aus solchen.

Setzt man P gleich dem Molekulargewicht einer Verbindung, also

$$P = M = x\cdot A_2 + y\cdot A_2 + z\cdot A_3 + \ldots\ldots,$$

so erhält obige Formel die Gestalt

$$\frac{N-1}{D} M = x\cdot\frac{n_1-1}{d_1}\cdot A_2 + y\cdot\frac{n_2-1}{d_2}\cdot A_1 + z\cdot\frac{n_3-1}{d_3}\cdot A_3 + \ldots,$$

wo A_1, A_2, A_3 .... die Atomgewichte der Bestandteile und x, y, z .... die resp. Anzahl der in M enthaltenen Atome bezeichnen. Das Produkt aus specifischem Brechungsvermögen und Atomgewicht wird als das Refractionsäquivalent des betreffenden Elementes bezeichnet, das Product aus Moleculargewicht und specifischem Brechungsvermögen als das moleculare Brechungsvermögen oder wohl auch als das Refractionsäquivalent der Verbindung (s. Landolt, Pogg. Ann. 1864, Bd. 123, S. 600). Man kann demnach den Inhalt der obigen Formel ausdrücken durch den Satz: Das moleculare Brechungsvermögen einer Verbindung ist gleich der Summe der Refractionsäquivalente ihrer Bestandteile, der indessen keine unbeschränkte Gültigkeit besitzt."

Das oben aus der Sellmeierschen Absorptionstheorie abgeleitete Gesetz unterscheidet sich von der soeben dargelegten Beziehung nur dadurch, dass an die Stelle des Brechungsvermögens n — 1 die brechende Kraft $n^2 - 1$ getreten ist. Demnach lautet die entsprechende Formel

$$\frac{N^2-1}{D} M = x \cdot \frac{n_1{}^2-1}{d_1} \cdot A_1 + y \cdot \frac{n_2{}^2-1}{d_2} A_2 + z \cdot \frac{n_3{}^2-1}{d_3} \cdot A_3 + \ldots$$

Für jedes Glied von der Form

$$\frac{N^2-1}{D} M, \text{ bezüglich } x \cdot \frac{n_1{}^2-1}{d_1} \cdot A_1 \ldots\ldots$$

kann man, wenn der Wert der Glieder $\frac{N-1}{D} \cdot M = E$ bezüglich $x \cdot \frac{n_1 - 1}{d_1} A_1 \ldots.$ gleich α_1 .... gesetzt wird, gemäss einer einfachen mathematischen Umformung.

$$\frac{N^2-1}{D} \cdot M = E\left(E \frac{D}{M} + 2\right),$$

$$= E^2 \frac{D}{M} + 2E, \text{ bezüglich}$$

$$x \cdot \frac{n_1{}^2-1}{d_1} \cdot A_1 = \alpha_1 \left(\alpha_1 \frac{d_1}{x A_1} + 2\right) \ldots\ldots$$

$$= \alpha_1{}^2 \cdot \frac{d_1}{x A_1} + 2 \alpha_1, \ldots\ldots\ldots$$

schreiben. Durch Summation der einzelnen Glieder $x \cdot \frac{n_1{}^2-1}{d_1} A_1$ ...... erhält man

$$\Sigma x \cdot \frac{n_1{}^2-1}{d_1} A_1 = \Sigma \alpha_1{}^2 \cdot \frac{d_1}{x A_1} + \Sigma 2 \alpha_1,$$

also mit Rücksicht darauf, dass $\Sigma 2 \alpha_1 = 2$ E nach Landolt und $2 E = \frac{N^2-1}{D} \cdot M - E^2 \frac{D}{M}$ ist,

$$\Sigma x \cdot \frac{n_1{}^2-1}{d_1} A_1 = \Sigma \alpha_1{}^2 \frac{d_1}{x A_1} + \frac{N^2-1}{D} \cdot M - E^2 \frac{D}{M};$$

diese Gleichung kann aber nur dann erfüllt sein, wenn

die einander entsprechenden quadratischen Glieder einander gleicb sind, d. h. wenn

$$\frac{N^2 - 1}{D} M = \Sigma x \frac{n_1{}^2 - 1}{d_1} A_1$$

und $E^2 \frac{D}{M} = \Sigma \alpha_1{}^2 \cdot \frac{d_1}{x A_1}$ ist.

Um die vorstehenden mathematischen Schlussfolgerungen durch den experimentellen Nachweis für die Gültigkeit der vorletzten Gleichung zu bestätigen und damit zugleich die Richtigkeit des abgeleiteten Gesetzes der Absorptions- oder Brechungsaequivalente zu beweisen, habe ich in der nachfolgenden Tabelle aus den von Landolt und Börnstein angegebenen Zahlen für die Atomgewichte und die specifischen Gewichte der Elemente die Quotienten $\frac{d}{a}$ berechnet, mit deren Hülfe weiter unten die Summen $\Sigma x \frac{n_1{}^2 - 1}{d_1} A_1$ berechnet und mit dem beobachteten Quotienten $\frac{N^2 - 1}{D} \cdot M$ bei einigen chemischen Verbindungen verglichen sind.

Elemente	Atomgewichte a	Dichte d	$\frac{d}{a}$
Al	27,04	2,60	0,1
Sb	119,6	6,71	0,06
As	74,9	5,73	0,08
Ba	136,9	3,75	0,03
Be	9,03	1,99	0,22
Pb	206,39	11,37	0,05
B	10,9	2,5 ?	0,227
Br	79,76	3,15	0,04
Cd	111,5	8,60	0,08
Cs	132,7	1,88	0,014
Ca	39,91	1,57	0,04
Ce	139,9	6,68	0,05
Cl	35,37	1,6602	0,05
Cr	52,0	6,50	0,12
Di	142,1	6,54	0,045
Fe	55,88	7,86	0,14
Er	166,	?	?
Fl	19,06	?	?
Ga	69,96	5,95	0,08
Ge	72,3	5,469	0,08

Elemente	Atomgewichte a	Dichte d	$\frac{d}{a}$
Au	196,7	19,32	0,09
Jn	113,6	7,421	0,06
Jr	192,5	22,42	0,11
J	126,53	4,948	0,04
K	39,03	0,87	0,02
Co	58,6	8,6	0,15
C	11,97	{3,52 / 2,3}	{0,3 / 0,2}
Cu	63,18	8,92	0,14
La	138,2	6,1	0,05
Li	7,01	0,59	0,08
Mg	24,3	1,74	0,08
Mn	54,8	7,39	0,13
Mo	95,9	8,6	0,09
Na	22,995	0,978	0,04
Ni	58,6	8,9	0,15
Nb	93,7	7,2	0,08
Os	190,3	22,48	0,12
Pd	106,35	11,4	0,11
P	30,96	{1,83 / 2,34}	0,06
Pt	194,3	21,50	0,11
Hg	199,8	13,55	0,067
Rh	102,7	12,1	0,12
Rb	85,2	1,52	0,02
Ru	101,4	12,26	0,12
O	15,96	1,137	0,07
Sc	43,97	0, ? 9	0?,05
S	31,98	2,07	0,07
Se	78,87	4,8	0,06
Ag	107,66	10,53	0,10
Si	28,3	2,39	0,08
N	14,01	0,9	0,06
Sr	87,3	2,54	0,03
Ta	182	10,4	0,06
Te	125	6,4	0,05
Tl	203,7	11,85	0,05
Th	231,9	11,00	0,05
Ti	48,0	?	?
U	238,8	18,7	0,08
V	51,1	5,5	0,11
H	1	0,033 (zu klein)	0,033 (0,05 ?)
Bi	208,38	9,80	0,05
W	183,6	19,1	0,1
Yb	88,9	?	?
Zn	65,10	7,15	0,11
Sn	118,8	7,29	0,06
Zr	90,4	4,15	0,05

Die Werte für $\frac{N-1}{D} \cdot M$ und $\frac{n_1-1}{d_1} \cdot A_1$ . . . . sind von den oben genannten Forschern ermittelt worden, während die andern Werte für $\frac{d}{a}$ und $\frac{D}{M}$ in der vorstehenden Tabelle zusammengestellt sind. Man kann daher die theoretische Formel leicht an der Hand der vorhandenen Beobachtungen prüfen.

A. a. O. bemerkt hiezu noch O. E. Meyer Folgendes:

„Die Refractionsaequivalente $\alpha_1 = \frac{n_1{}^2 - 1}{d_1} \cdot A_1$ der Elemente, deren Kenntnis demgemäss zur Prüfung der vorliegenden Frage erforderlich ist, sind teils nicht unmittelbar zu bestimmen, teils ist es zweifelhaft, ob die ihnen im starren Zustande zukommenden Werte beim Uebergange in flüssige Verbindungen ungeändert bleiben. Man hat daher die Refractionsaequivalente der Elemente bisher in der Regel aus dem molecularen Brechungsvermögen einer grösseren Anzahl ihrer Verbindungen berechnet. Gladstone, der die Refractionsaequivalente für die meisten chemischen Elemente zu bestimmen suchte, zieht aus seinen Untersuchungen (Lond. Roy. Soc. Proc. 1869, XVIII, p. 49; Lond. Phil. Trans. f. 1870, vol. 160, part. I, p. 9.) den Schluss, dass zur Erklärung des optischen Verhaltens der chemischen Verbindungen die Annahme eines einzigen Wertes für das Refractionsaequivalent jedes Elementes nicht genüge, man vielmehr für manche Elemente, je nach der Art der Verbindung, in welcher sie enthalten sind, zwei verschiedene Refractionsaequivalente annehmen müsse.“ Die folgende Tabelle enthält die von Gladstone angenommenen Werte des Refractionsaequivalentes für die Linie A im Roth des Sonnenspectrums. Die zweite Zahlenreihe enthält die Produkte aus diesen Refractionsaequivalenten und dem Quotienten $\frac{d}{a}$, die Werte von n — 1 einiger Elemente, während die dritte Zahlenreihe die brechenden Kräfte $n^2 - 1$ und die vierte die Brechungsaequivalente $\frac{n^2 - 1}{d} \cdot a$ der chemischen Elemente angiebt.

Elemente	Refractions-äquivalent.	$\alpha_1 \frac{d}{a} = n-1$	$n^2 - 1.$	$\frac{(n^2-1)a}{d}$
		0,0429	0,08785	2,66
H	{ 1,5	0.1155	0,24434	7,40
	3,5	0,304	0,70	8,75
Li	3,8	1,254	0,08	18,5
Be	5,7	0,908	2,6405	11,6
B	4,0	{ 1,5	{ 5,25	{ 17,5
C	5,0	1,0	3,00	15,0
N	{ 4,1	0,246	0,5525	9,21
	5,3	0,318	0,7371	12,29
O	2,9	0,21	0,4641	6,63
F	1,4			
Na	4,8	0,192	0,4209	10,52
Mg	7,0	0,56	1,4336	17,92
Al	8,4	0.84	2,3856	23,856
Si	{ 7,5	{ 0,60	1,56	{ 19,5
	6,8	0,544	1,384	17,3
P	18,3	1,098	3,4016	56,693
S	16,0	1,12	3,4944	64,2
Cr	{ 19,9	{ 0,495	1,235	{ 24,7
	10,7	0,535	1,3562	27,12
K	8,1	0,162	0,35025	17,51
Ca	10,4	0.416	1,0051	25,13
Ti	25,5			
V	25,3	2,783	13,311	130,1
Cr	{ 15,9	{ 1,908	7,4564	{ 62,14
	23,0	2,760	13,138	117,8
Mn	{ 12,2	{ 1,586	5,6874	{ 43,8
	26,2	3,406	18.413	149,3
Fe	{ 12,0	1,68	6,1824	{ 44,2
	20,1	2,814	13,547	96,8
Co	10.8	1,62	5,645	37,6
Ni	10,4	1,56	5,5536	37,03
Cu	11,6	1,642	5.8854	42,04
Zn	10,2	1,122	3,5029	33,7
As	15,4	1,232	3,982	49,8
Br	{ 15,3	{ 0,612	1,5986	39,96
	16,9	0,627	1,6471	41,18
Rb	14,0	0,28	0,6384	31,92
Sr	13.6	0,408	0,9825	32,75
Tr	22,3	0,453	10,9235	238,5
Rb	24,2	2,904	14,241	127,0
Pd	22,2	2,442	10,847	107,7
Ag	13,5	1,35	4,5234	45,234
Cd	13,6	1,088	3,3598	54,5
Sn	{ 27,0	{ 1.62	5,8644	{ 97,74
	19,2	1 152	3,6311	60,52
Sb	24,5	1,470	5,1009	85,0
J	{ 24.5	{ 0,980	2,9204	98,0
	27,2	1,088	3,3598	84,0

Elemente	Refractions-äquivalent.	$\alpha_1 \frac{d}{a} = n-1$	$n^2-1.$	$\frac{(n^2-1)a}{d}$
Cs	13,7	0,1918	0,4208	30,0
Ba	15,8	0,474	1,1727	39,09
Ce	20,4	1,020	3,0804	61,61
Di	19,2	1,014	3,0562	90,1
Pt	26,0	2,86	3,90	126,4
Au	24,0	2,16	18,9856	99,84
Hg	{ 21,3	{ 1,4271	4,8908	73,0
	29,0	1,943	7,6613	129,3
Tl	21,6	1,080	3,3598	67,2
Pb	24,8	1,24	4,0176	100,4
Bi	39,2	1,96	7,7615	155,2

Aus der letzten Zahlenreihe erhält man nach den chemischen Formeln durch einfaches Zusammenzählen der entsprechenden Aequivalente der Elemente die molecularen Brechungsaequivalente der entstandenen Verbindungen, wie aus folgenden Beispielen zu erkennen ist.

$$H_2 = 2 \cdot 2{,}66 = 5{,}32, \quad H_2O : \frac{n^2-1}{d} = 0{,}75$$

$$O = \quad = 6{,}63, \quad \frac{n^2-1}{d} \cdot 18 = 0{,}75 \cdot 18$$

$$H_2O = \underline{11{,}95}; \quad \text{beob.} \quad H_2O = \underline{13{,}5}\ .$$

$$\begin{array}{lll} C = 15{,}0; & 17{,}3 & \\ S_2 = 85{,}7; & 85{,}7 & \\ \hline CS_2 = \underline{100{,}7} & CS_2 = \underline{103{,}0}; & \text{beob. } CS_2 = \underline{101{,}9}. \end{array}$$

$$\begin{array}{l} K = 17{,}51 \\ Cl = 27{,}12 \\ \hline KCl = \underline{44{,}63}; \ \text{beob. } KCl = \underline{44{,}64} \end{array}$$

$$\begin{array}{lll} C = 15{,}0; & 17{,}3 & \\ O_2 = 13{,}3; & 13{,}3 & \\ \hline CO_2 = 28{,}3; & CO_2 = 30{,}6; & \text{beob. } CO_2 = 30{,}54 \end{array}$$

$$\begin{array}{l} K = 17{,}51 \\ J = 84{,}0 \\ \hline KJ = 101{,}51; \ \text{beob. } KJ = 98{,}3. \end{array}$$

Na = 10,52
Cl = 27,12

NaCl = 37,64; beob. NaCl = 37,36.

Noch weitere Beispiele zu berechnen, halte ich nicht für erforderlich, da dies leicht mittelst der oben berechneten Brechungsaequivalente geschehen kann und zum Vergleich, wie dies hier geschehen ist, aus den beobachteten Brechungsexponenten und specifischen Gewichten der Verbindungen (nach den Tabellen von Landolt und Börnstein) die molecularen Brechungsaequivalente leicht zu ermitteln sind Ich weise an dieser Stelle noch besonders darauf hin, dass in allen Fällen, in welchen die Brechungsexponenten und specifischen Gewichte der Elemente beobachtet sind, die daraus gefundenen Brechungsaequivalente den oben von mir dafür berechneten Zahlen gegenüber den Vorzug verdienen und auch, wie z. B. in dem zweiten Beispiel für Schwefelkohlenstoff, eine Uebereinstimmung zwischen Theorie und Beobachtung zeigen, wie sie grösser kaum erwartet werden kann.

Ferner will ich nicht unerwähnt lassen und als ein Kennzeichen für die Tragweite des von mir aufgestellten Gesetzes hervorheben, dass das Gesetz in gleicher Weise für den festen, flüssigen und gasförmigen Aggregatzustand gilt, wie die ausgerechneten Zahlenbeispiele für Wasser, Kohlensäure und Kochsalz beweisen.

Dass auch die Röntgenstrahlen das hier für die Licht- und Wärmestrahlen nachgewiesene Gesetz befolgen müssen, ergiebt sich ohne weiteres aus dem oben geführten Nachweis, dass das Absorptionsvermögen für die Röntgenstrahlen den brechenden Kräften der Stoffe proportional ist; denn da die specifischen Gewichte und Atomgewichte unverändert bleiben, so können die Absorptions- oder Brechungsaequivalente sich von den obigen Brechungsaequivalenten nur durch einen konstanten Faktor unterscheiden, durch den das Summationsgesetz selbst in seinem Wesen nicht berührt wird. Die Zahlenwerte selbst für einzelne Elemente und chemische Verbindungen auszurechnen, ist noch verfrüht, da die Schwächungskoefficienten weder genau genug noch auch für eine genügend grosse Zahl von Elementen und Verbindungen bestimmt worden sind.

Die Verbindungs-, Verdampfungs- und Schmelzwärme nach der Vibrationstheorie.

In dem zweiten Theile von „Physik des Aethers“ habe ich aus der Vibrationstheorie zunächst den Satz abgeleitet, dass auch für die Aetherwellen das archimedische Prinzip gilt, oder mit anderen Worten, dass die Atomvolumina gleicher Gewichte der Elemente ihren specifischen Gewichten umgekehrt proportional sind. Aus Mangel an Beobachtungsmaterial konnte ich als Beweisbeispiel nur Wasserstoff, Quecksilber und Kupfer anführen. Inzwischen ist in der Schrift „der Monismus der chemischen Elemente“ von Dr. E. Meusel-Liegnitz durch sehr reichhaltiges Beobachtungsmaterial nachgewiesen worden, dass die Atomgewichte sämmtlicher chemischen Elemente sich als ganze Vielfache der Zahlen 3,99 und 3,02 oder als eine Summe solcher Vielfachen darstellen lassen. Nur beim Wasserstoff, dessen Atomgewicht gleich 1 ist, gelang dies jenem Chemiker nicht, da derselbe übersehen hat, dass das Atomgewicht von

$H = 1 = \frac{3,99}{7,02} + \frac{3,02}{7,01}$, also gleich dem siebenten Theil

der von ihm aus den Differenzen der Atomgewichte ermittelten Grundelemente 3,99 und 3,02 ist. Es sind demnach die Atomgewichte der Elemente in Wahrheit Multipla der Werte $\frac{3,99}{7}$ oder 0,57 und $\frac{3,02}{7}$ oder 0,43, bezüglich Summen solcher Vielfachen.

Den Beweis für die Richtigkeit dieser Beziehung hat Meusel durch eine ausführliche Tabelle für sämmtliche Elemente geführt. Meusel hat ganz ähnlich wie Preyer sich die dichteren jüngeren Elemente aus den älteren Elementen nach Art der chemischen Verbindungen zusammengesetzt gedacht. Wie er die dichteren Elemente in Gruppen der ursprünglichen Elemente zerlegt hat, übergehe ich hier, da die experimentelle Bestätigung dieser an sich berechtigten Ansicht niemals möglich werden dürfte, — denn dann wäre ja das Ziel der alten Alchimisten, die Goldmacherei, so ziemlich erreicht. Der Grund für die Unlösbarkeit dieses Problems liegt darin, dass wir die Bedingungen, unter denen sich die Elemente jüngerer Generation aus den älteren

Generationen gebildet haben, in dem chemischen Laboratorium schwerlich verwirklichen können. Die Abweichungen der berechneten Atomgewichte von den Beobachtungen sind meistens sehr gering und liegen innerhalb der Grenzen der Beobachtungsfehler.

Meusel hat in dem erwähnten Buche ebenso wie das Atomgewicht auch das Atomvolumen der chemischen Elemente auf wenige Grundelemente zurückgeführt, welche verschiedenen Verdichtungsstufen von 3,99 und 3,02 entsprechen; es sind dies die beiden den Gewichtsgrössen 3,99 und 3,02 entsprechenden Atomvolumina des Lithiums (Li), das 3,99 entsprechende Atomvolumen des Kohlenstoffes (C) und das 3,02 entsprechende Atomvolumen des Berylliums (Be). Da das Atomgewicht des Lithiums aus zwei Gewichtstheilen besteht, so muss auch, wie Meusel mit Recht sagt, das Atomvolumen desselben aus zwei Raumtheilen bestehen, die sich bei der durch physikalische Gründe bedingten Annahme gleichartiger Raumvertheilung wie 3,99 zu 3,02 verhalten. Hieraus folgt, dass das Atomvolumen des Li (11,88) aus den beiden Werthen 6,75 und 5,12 zusammengesetzt ist, und dass das specifische Gewicht des ersteren $\frac{3,89}{6,76} = 0,5902$, das des zweiten $\frac{3,02}{5,12} = 0,5898$ ist. In ganz gleicher Weise erhält man für das Atomvolumen des diamantartigen Kohlenstoffs (C) $\frac{3,66}{3} = 1,2$, für das specifische Gewicht also $\frac{3,99}{1,2} = 3,324$, während beim Beryllium (Be) das Atomvolumen $\frac{4,9}{3} = 1,633$ und das specifische Gewicht $\frac{3,02}{1,633} = 1,853$ beträgt.

Nimmt man nun ebenso wie beim Lithium auch für die beiden Bestandtheile des Wasserstoffs (H) eine gleichartige Raumvertheilung an, so ergiebt sich, dass die beiden Raumtheile des Atomvolumens des Wasserstoffs sich wie 0,57:0,43 oder wie 3,99:3,02, d. h. gleich 1,32, also annähernd wie die specifischen Wärmen verhalten müssen. Eigenthümlicher Weise verhalten sich aber diese Zahlen mit grosser Genauigkeit zueinander wie das Volumen einer Kugel vom Radius 1 zu dem Volumen eines Rotationsellipsoids, dessen grosse Halbachse $^1/_2$ ist, d. h. wie $^4/_3 \cdot 1^3 \pi : \left(\frac{1}{2}\right)^2 \cdot 3 \cdot \pi$ oder wie $4{,}18879 : 3{,}14159 = 4 : 3$. Zweifellos müssen die Uratome, aus denen selbst das Wasserstoffmolekül noch zusammengesetzt zu denken ist, in einer bestimmten Weise angeordnet sein, d. h. die Raumtheile des Atomvolumens des H müssen eine gewisse Form besitzen, denn ohne bestimmte Form und Gestalt können wir Menschen uns nichts Materielles vorstellen. Da sich nun die beiden Gewichtsbestandtheile des Wasserstoffs wie 4 : 3, d. h. wie das Volumen einer Kugel vom Radius 1 zu dem Volumen des eben erwähnten Rotationsellipsoids verhalten und in der Natur alles nach Maass, Zahl und Gewicht geordnet ist, so liegt der Schluss nicht allzufern, dass die Volumina $\frac{4}{3} 1^3 \pi = 4{,}18879$ und $\frac{4}{3} \cdot 3 \left(\frac{1}{2}\right)^2 \cdot \pi = 3{,}14159$ die beiden Raumtheile sind, aus welchen das Atomvolumen des Wasserstoffs zusammengesetzt zu denken ist. Demnach muss das Atomvolumen des Wasserstoffs gleich $4{,}18879 + 3{,}14159 = 7{,}3308$ sein. Hieraus folgt, dass das specifische Gewicht des flüssigen Wasserstoffs $\frac{1}{7{,}3308}, = 0{,}13641$, das der beiden Bestandtheile desselben $\frac{057}{4{,}18879} = 0{,}1361$ und $\frac{0{,}43}{3{,}14159} = 0{,}1369$ ist. Die hier erhaltenen Zahlenwerthe für das specifische Gewicht des flüssigen Wasserstoffs stimmen mit dem von mir aus dem Zwischenvolumengesetz E. Dührings berechneten Maximalwerth 0,14 und dem von Amagat beobachteten Minimalwerth 0,12 sehr gut überein; sie sind das Mittel daraus und verbürgen dadurch die Richtigkeit der vorgetragenen Ansichten.

Sollen jedoch in der That alle chemischen Elemente mehr oder weniger starke Verdichtungsstufen des Wasserstoffs oder eines noch dünneren Urstoffs sein, so müssen die Atomvolumina gleicher Gewichte der Elemente, wie ich schon oben angedeutet habe, sich umgekehrt wie ihre specifischen Gewichte verhalten. Bei der herkömmlichen, allerdings nicht streng richtigen Art, das Atomvolumen zu ermitteln, ist dies, wie man ohne weiteres aus dem Beispiel des Natriums und Quecksilbers und der danach gebildeten allgemeinen Formel ersieht, wirklich der Fall; denn es verhält sich

$$\frac{23{,}7}{23} : \frac{14{,}7}{200} = 13{,}59 : 0{,}97$$

oder $\frac{23 : 0{,}97}{23} : \frac{200 : 13{,}59}{200} = 13{,}59 : 0{,}97$, d. h. allgemein

$$\frac{a : s}{a} : \frac{a_1 : s_1}{a_1} = s_1 : s.$$

Nun besteht das Molekül des Wasserstoffs, wie soeben dargelegt wurde, aus zwei Atomen, die selbst noch aus einer grösseren Zahl der ausserordentlich kleinen Theilchen des Urstoffs, des Aethers, zusammengesetzt sind. Die Gestalt des einen Bestandtheils ist eine Kugel, diejenige des anderen ein Rotationsellipsoid; das Volumen des ersteren ist 4,18879, dasjenige des letzteren ist gleich 3,14159. Dass die übrigen Elemente mehr oder weniger grosse Verdichtungsstufen dieser beiden Atome sind, geht daraus hervor, dass die Atomvolumina, welche man durch Multiplikation dieser Grundelemente mit den Atomgewichten erhält, sich zu den wirklichen Atomgewichten der chemischen Elemente umgekehrt wie die specifischen Gewichte verhalten. Beispielsweise ist beim Lithium der Quotient aus dem Atomvolumen von 7 g H und 7 g Li

$$\frac{7 \cdot 4{,}18879 + 7 \cdot 3{,}14159}{12{,}88} = 4{,}32,$$

während der reciproke Quotient aus den entsprehenden specifischen Gewichten $\frac{0{,}5902}{0{,}1361} = 4{,}31$ ist.

Besser betrachtet man beide Bestandtheile des H sowohl wie auch des Li gesondert; dann findet man

$$\frac{7 \cdot 4{,}18879}{6{,}76} = 4{,}33; \frac{0{,}5902}{0{,}1361} = 4{,}31 \text{ und}$$

$$\frac{7 \cdot 3,14159}{5,12} = 4,33; \; \frac{0,5898}{0,1369} = 4,3;$$

beim Kohlenstoff C findet man

$\frac{21 \cdot 4,18879}{3,6} = 24,43; \; \frac{3,324}{0,1361} = 24,42$; bei Beryllium Be

$$\frac{21 \cdot 3,14159}{4,9} = 13,47; \; \frac{1,853}{0,1369} = 13,52 \text{ u. s. w.}$$

Noch weiteres Beweismaterial anzuführen, halte ich für überflüssig, da jeder Chemiker dasselbe aus dem Atomvolumen, dem specifischen und dem Atomgewicht der Elemente leicht selbst berechnen kann.

Damit jedoch jeder Leser die hierzu erforderlichen Zahlenwerthe erhält und sich davon überzeugen kann, dass genau in derselben Weise, wie die Atomgewichte sich aus zwei Grundelementen, nämlich 3,99 und 3,02, zusammensetzen lassen, so auch die Atomvolumina aus wenigen Grundmotiven zusammengesetzt sind, so will ich hier folgende Darlegungen anführen: Meusel nimmt fünf Grundbestandtheile an, nämlich die beiden Raumbestandtheile, aus denen das Atomvolumen des Lithiums zusammengesetzt ist, also $\frac{3,99}{0,5902} = 6,76$ und $\frac{3,02}{0,5898} = 5,12$, ferner das Atomvolumen des krystallförmigen Kohlenstoffs $\frac{3,99}{3,324} = 1,2$ und das Atomvolumen des Berylliums $\frac{3,02}{1,853} = 1,633$ an. Das fünfte von ihm angeführte Grundmotiv zur Berechnung der Atomvolumina, nämlich das Atomvolumen des Wasserstoffs, das nach seiner Anschauung höchstens gleich $\frac{1}{3,324} = 0,03$ sein kann, ist nicht richtig und wird auch von ihm bei der Ableitung der übrigen Atomvolumina aus den eben genannten Raumtheilen 6,76; 5,12; 1,2 und 1,633 nicht benutzt. Nun sind aber diese Raumtheile durch meine vorstehenden Auseinandersetzungen auf die beiden Bestandtheile des Atomvolumens des Wasserstoffs, nämlich auf 4,18879 und 3,14159 zurückgeführt worden; denn aus den oben abgeleiteten Gleichungen folgt:

$$6{,}76 = 7 \cdot 4{,}18879 \cdot \frac{0{,}1361}{0{,}5902}$$

$$5{,}12 = 7 \cdot 3{,}14159 \cdot \frac{0{,}1369}{0{,}5898}$$

$$1{,}2 = 7 \cdot 4{,}18879 \cdot \frac{0{,}1361}{3{,}324}$$

$$1{,}633 = 7 \cdot 3{,}14159 \cdot \frac{0{,}1369}{1{,}853}.$$

Mit Bezug auf die vorstehenden Grundelemente und deren Zusammensetzung aus den beiden Raumtheilen des Wasserstoffatoms sind sämmtliche Atomvolumina auf diese beiden ursprünglichen Räume zurückführbar.

Auf den Nachweis durch eine Zahlentabelle verzichte ich; ich verweise in dieser Hinsicht auf d. Elektroch. Zeitschrift H. 8 (1897) S. 170 u. ff.

Kombiniert man die vorstehenden und die im vorigen Abschnitt gefundenen Ergebnisse mit den Resultaten, welche Dr. Meusel in seiner oben erwähnten Schrift „Der Monismus der chemischen Elemente" gefunden hat, so ergiebt sich für die bei den chemischen Vorgängen entwickelten Wärmemengen ein innerer Zusammenhang, so dass die Thermochemie nicht mehr ein blosses Verzeichnis empirisch gefundener Thatsachen bleibt. Es muss danach möglich sein, diese Wärmemengen aus der Zusammensetzung der Atome zu begründen und zu berechnen. Meusel geht bei der Lösung dieses Problems von der berechtigten Annahme aus, dass die Wärmeentwickelung nicht blos der Verschiedenheit der Raumverhältnisse, sondern auch der Bewältigung der grösseren oder geringeren Gewichtsmenge entspricht, dass also der Kraftverbrauch für die grössere Gewichtsmenge ein entsprechend grösserer und mithin die Wärmeentbindung eine kleinere ist. Würde 1 g Wasserstoff 34126 Kalorien bei seiner Verbrennung erzeugen, so hätte nach Meusel ein sonst nicht gebundenes Kohlenstoffatom für die Gewichtsmenge 1 g

$$\frac{34126}{4} = 8531{,}6 \text{ Kalorien}$$

erwarten zu lassen, während 1 g des dem Atomvolumen 6,76 entsprechenden Bestandtheils Li

$$\frac{34126 \cdot 1{,}2}{4 \cdot 6{,}76} = 1514 \text{ Kalorien,}$$

1 g des zweiten Bestandtheils des Li dagegen

$$\frac{34126 \cdot 0{,}9}{3 \cdot 5{,}12} = 1999{,}5$$

1 g des Berylliumatoms

$$\frac{34126 \cdot 0{,}9}{3 \cdot 1{,}6} = 6232 \text{ Kalorien}$$

ergeben müsste, während für Magnesium, dessen Atomgewicht gleich $6 \cdot 3{,}99 = 23{,}94$ ist, pro 1 g nur der sechste Theil der Verbrennungswärme des Li, also $\frac{1514}{6} = 252{,}3$ Kalorien, und entsprechend für ein Atomgewicht $8 \cdot 3{,}02 = 23{,}16$ eine Verbrennungswärme von $\frac{1999{,}5}{8} = 249{,}9$ WE sich ergiebt. Da ausserdem noch jeder Theil des Atoms durch alle übrigen Atomtheile an seiner freien Bewegung gehindert wird, ist bei der Berechnung für 1 g des Elements auch hierfür noch eine Arbeitsmenge nöthig, die der Wärmeentwickelung also abgeht und die genau im Verhältniss zur Atomgrösse steht. Von der sonst theoretisch berechneten Menge wäre also in Abzug zu bringen für

$$1 \text{ g S } \frac{34126}{39{,}99} = 1066, \; 1 \text{ g P } \frac{34125}{30{,}96} = 1102,$$

$$1 \text{ g Ag } \frac{34126}{107{,}66} = 317.$$

Auf Grund der vorstehenden Betrachtungen und Verbrennungswärmen der vier Grundmotive hat Dr. Meusel die Verbrennungswärmen zahlreicher chemischer Verbindungen berechnet und die theoretischen Werthe mit den Beobachtungen verglichen (cf. S. 24—57 seiner Schrift).

Bezüglich der Meusel'schen Berechnung der Verbrennungswärmen der vier Grnndmotive mache ich von meinem Standpunkte aus auf einige Irrthümer oder Ungenauigkeiten aufmerksam. Zunächst gilt dies für die Bestimmung der Verbrennungswärme des Kohlenstoffs. Wie Meusel mit Hülfe seiner an sich richtigen Grundanschauung Rechenschaft über die Herkunft der Zahl 8531,5 ablegen will, ist mir absolut nicht klar, da nach seinen Deduktionen sich die Verbrennungswärmen gleicher Gewichtsmengen umgekehrt wie die Atomvolumina verhalten müssen. Es müsste also, da das Atomvolumen des diamantartigen Kohlenstoffs gleich 1,2 und das des Wasserstoffs gleich $\frac{1}{3{,}324}$ im Widerspruch mit der Beobachtung Amagats gesetzt ist, sich verhalten

$$34126 : x = \frac{1}{3{,}324} : 1{,}2, \text{ also wäre } x$$
$$= 2{,}77 \cdot 34126 \text{ WE};$$

dies ist aber unbedingt falsch, weil dann die Verbrennungswärme 1 g C ungefähr dreimal grösser als diejenige des H würde. Dieser Widerspruch zwischen Theorie und Erfahrung löst sich, wenn man entsprechend den Beobachtungen das Atomvolumen des Wasserstoffs gleich 7,35 setzt und dasjenige des Kohlenstoffs in Graphitform wählt, nämlich 5,58, da das specifische Gewicht des Graphits gleich 2,15 ist; denn dann erhält man für das Atomvolumen des Kohlenstoffs vom Gewicht 3,99 den Werth $\frac{5{,}58}{3} = 1{,}86$. Es muss sich demnach verhalten: $34126 : x = 7{,}35 : 1{,}86$, so dass die Verbrennungswärme von

$$1 \text{ g C} = \frac{34126 \; 1{,}86}{7{,}35} = \frac{34126}{\frac{7{,}35}{1{,}86}} = \text{rund } \frac{34126}{4} = 8531{,}5 \text{ Kal.}$$

wird.

Auch bei der Berechnung der Verbrennungswärme des Berylliumatoms scheint mir nach der aufgestellten Berechnungsformel die theoretische Grundanschauung nicht streng durchgeführt zu sein; dieselbe gestaltet sich nunmehr mit Benutzung des für C gefundenen Werthes einfach folgendermaassen. Es verhält sich, indem man jetzt, da von Meusel ebenfalls das dem krystallisierten Beryllium entsprechende Atomvolumen gewählt ist, auch für C das dem Diamant entsprechende Atomvolumen 1,2 nimmt, 8531,5 : x = 1,6 : 1,2, so dass

$$x = \frac{8531{,}5 \cdot 1{,}2}{1{,}6} = 6232 \text{ Kalorien}$$

wird. Ebenso erhält man mit Benutzung dieser Werthe aus dem Verhältniss

$$\frac{1{,}2 \cdot 8531{,}5}{1{,}6} : x = 6{,}76 : 1{,}6$$

als Verbrennungswärme für 1 g des ersten Bestandtheils

$$\text{des Li } x = \frac{8531{,}5 \cdot 1{,}2}{6{,}76} = 1514 \text{ Kalorien}$$

und ferner aus dem Verhältniss

$\frac{8531{,}5 \;\; 1{,}2}{1{,}6} : x = 5{,}12 \; 1{,}6$ für 1 g des zweiten Bestandtheils des Li

$$x = \frac{8531{,}5 \cdot 1{,}2 \cdot 1{,}6}{1{,}6 \cdot 5{,}12} = \frac{8531{,}5 \cdot 1{,}2}{5{,}12} = \frac{34126 \;\; 1{,}2}{4 \cdot 5{,}12}$$

$$= \frac{34126 \cdot 0{,}3}{5{,}12} = \frac{34126 \cdot 0{,}9}{3 \cdot 5{,}12} = 1999{,}5 \text{ Kalorien.}$$

Hierdurch dürfte die Berechnung der Meusel'schen Zahlen erst theoretisch sicher begründet sein, so dass die Benutzung dieser Grundwerthe iu der Weise, wie es von Meusel geschehen ist, vollkommen berechtigt wird. Bezüglich der Berechnung der Verbrennungswärme der verschiedenen Elemente nach der Meusel'schen Methode muss ich auf die schätzenswerthe Abhandlung dieses Forschers verweisen; dieselbe ist in dem Verlage von Ewald Scholz in Liegnitz im Jahre 1893 erschienen.

Aus den Gleichungen I und II habe ich oben abgeleitet, dass die Gasspannungen dem Zwischenvolumen umgekehrt proportional sind und die zugeführten Wärmemengen bei der Temperaturerhöhung sich ebenfalls nach Maassgabe der verfügbaren Bethätigungsmöglichkeit, d. h. also nach dem Zwischenvolumen, wirksam erweisen. Aus diesem Grunde hat man also in allen Fällen, in welchen man es in der theoretischen Chemie mit Wärme-, Druck- und Volumenbeziehungen zu thun hat, das Zwischenvolumengesetz zu Grunde zu legen, also die Ausdehnungskoefficienten, die Kompressionskoefficienten und die specifischen Volumina auf das Zwischenvolumen zu beziehen. So gering diese Abweichungen auch bei normalen, also niedrigen Drucken und permanenten Gasen sind, so erheblich werden dieselben bei hohen Spannungen und bei den Uebergängen in die verschiedenen Aggregatzustände. Man sollte daher in die Grundgleichungen der mechanischen Wärmetheorie von vornherein durchweg die Zwischenvolumenbeziehungen einführen, wie dies in Dühring's erster und zweiter Folge der Grundgesetze und in „Elementarer Physik des Aether's“ geschehen ist; am allerwenigsten sollte man aber in der theoretischen Chemie, in welcher, wie wir oben gesehen haben, die Gasgesetze die wichtigste Grundlage bilden, in die thermodynamischen Formeln das nur in beschränktem Maasse gültige Mariotte- Gay- Lussac'sche Gesetz einführen, wie dies in der mechanischen Wärmetheorie selbst gegen besseres Wissen aus alter süsser Gewohnheit noch heute meistens geschieht. Mit Rücksicht auf das Zwischenvolumengesetz hat man die Arbeitsformel

$$A = S\int_{v_1}^{v_2} p\,dv = R\,T\int_{v_1}^{v_2}\frac{dv}{v} = R\,T\ln\frac{v_2}{v_1}$$

zuschreiben

$$A = \int_{v_1}^{v_2} p\,d\,(v-x) = RT\int_{u_1}^{u_2}\frac{du}{u} = R\,T\ln\frac{u_2}{u_1}$$

oder da $\frac{u_2}{u_1} = \frac{p_1}{p_2}$ ist, $A = R\,T\ln\frac{p_1}{p_2}$.

Vor allen Dingen darf man aber in der thermodynamischen Behandlung stark komprimirter Gase, welche so wie so schon verwickeltere Erscheinungen ergeben, ebensowenig die ungenaue Formel $p\,v = R\,T$ in die Arbeitsformel einsetzen, wie dies bei der Ableitung der Formeln für die Dampfspannungen und die

Verdampfungswärmen geschehen darf. Eigenthümlicherweise hat auch Ulrich Dühring in seinem Gesetze der korrespondierenden Verdampfungswärmen nicht das Zwischenvolumengesetz benutzt, sondern die Mariotte- Gay-Lussac'sche Näherungsformel seinen Darlegungen zu Grunde gelegt. Der Kern des Dühring'schen Gesetzes der Verdampfungswärmen ist daher, abgesehen von der hochwichtigen Einführung des korrespondierenden Siedefaktors q, das schon von Despretz im Jahre 1823 in den Ann. de chim. et de phys. 24. 323 aufgestellte Gesetz, dass die Verdampfungswärme dividirt durch die Zunahme, welche das specifische Volumen der Flüssigkeiten beim Verdampfen erfährt, für die verschiedensten Stoffe bei den Temperaturen gleicher Dampfspannung gleich ist; in Formel ist danach also

$\frac{\lambda}{V}$ = Konst. oder, da $V = \frac{R\,T}{p\,M}$ nach der allgemeinen Zustandsgleichung ist, $\frac{\lambda\,M}{T}$ = Konst. oder, da bei konstantem Druck p der Quotient $\frac{p}{R}$ konstant ist,

$$\frac{\lambda \cdot M}{T} = \text{Konst.} = \frac{C \cdot R}{p}.$$

Nach den Untersuchungen von Schiff (Lieb. Ann. 234. 338. 1886) schwankt der Werth von C zwischen 20 bis 30, ist jedoch meistens gleich 21. Die Dühringsche Formel für die Verdampfungswärme beim Druck einer Atmosphäre, für welche nach der Formel von Despretz die Konstante C berechnet ist, lautet

$$\lambda = \frac{1 \,.\, T^2}{M \,.\, q} \quad \text{oder} \quad \frac{\lambda \,.\, M}{T} = \frac{1 \,.\, T}{q} = \frac{842{,}8 \,.\, \varphi\,(p) \,.\, T}{E\,p\,q}$$

$$= \frac{C \,.\, R}{p} = \text{Konst.}$$

Aus dieser Gleichung folgt, dass $\frac{1 \cdot T}{p}$ nichts anderes als die Konstante der Formel von Despretz ist; in der That erhält man durch Einsetzen der Werthe von l, T und q für die von Schiff untersuchten Stoffe dieselben Werthe, welche von diesem gefunden sind. Die Dühring'sche Konstante l ist ebenso ungenau wie die Despretz'sche Konstante, da ja beide Formeln identisch sind. Dühring hat nur die Funktion φ (p) nicht näher definirt, sondern direkt die Konstante $l = \frac{842{,}8.\ \varphi\,(p)}{E\ p}$ aus einer beobachteten Verdamphungswärme ausgerechnet.

Bezüglich der einschlägigen Beobachtungen und der Vergleichung der theoretischen Resultate mit denselben verweise ich auf „Neue Grundgesetze zur rationellen Physik und Chemie" von Dr. E. Dühring. (Zweite Folg., S. 37 ff.). Durch Einführung des bekannten Gesetzes der correspondirenden Siedetemperaturen in die Chapeyron'sche Formel

$$\lambda = l.\ \frac{1}{E}\,(V\text{-}v)\,(274 + t)\,\frac{d\,p}{d\,t}$$

erhält dort Dühring folgendes Gesetz: „Die Verdampfungswärmen verschiedenartiger Flüssigkeiten sind bei gleichen Drucken den Quadraten der von -274^0 gezählten Temperaturen direkt, den Molekulargewichten, sowie den specifischen Faktoren dagegen umgekehrt proportional oder in Formel

$$\lambda = C\,\frac{(274 + t)^2}{M\ q} = \frac{C\,.\,T^2}{M\,.\,q}.$$

Nun ist aber das Sieden, wie überhaupt jeder physikalische und chemische Vorgang, nach meinen Darlegungen zweifellos von dem Absorptions- oder Emissionsvermögen der Siedepunktsdämpfe für die Wärmeschwingungen des Aethers abhängig und steht dazu in einfacher gesetzlicher Beziehung. In der That kann man aus Ulrich Dühring's Gesetz

$$\lambda = l\,.\,\frac{T^2}{M\,.\,q},$$

in welchem l eine Konstante, M das Molekülvolumen, q der Siedefaktor und T die absolute Siedetemperatur ist mit Hilfe der von mir in „Kraft und Masse" auf Seite 15 und 10 veröffentlichten Formeln

$$v = \frac{CT_t\ (Tt - d)}{(nt)^2 - 1} = \frac{CT_t{}^2}{(nt)^2 - 1^2},\ \text{da hier}\ d = o$$

$$\text{und}\ (nt)^2 - 1 = s\,.\,c_p = M\,.\,c_p\ \text{ist,}$$

das sich aus der Absorptionstheorie ohnedies ergebende Gesetz ableiten

$$\lambda = 1 . \frac{Vc_p}{q},$$

d. h. die Verdampfungswärmen verschiedenartiger Flüssigkeiten sind bei gleichen Drucken dem Absorptionsvermögen der Siedepunktsdämpfe und ihrer specifischen Wärme (bei konstantem Druck) direkt, den specifischen Faktoren dagegen umgekehrt proportional.

Damit eine Flüssigkeit bei einem gewissen, auf derselben lastenden Druck sieden kann, ist erforderlich, dass die Kraft, welche die einzelnen Moleküle mit einander verbindet und den flüssigen Aggregatzustand durch Vereinen der Elementarmoleküle bedingt, durch eine entsprechende Wärmezufuhr vollständig aufgehoben werde. Diese Wärme wirkt also auf die Moleküle als solche, nicht aber auf deren Bestandteile, die Atome, ein; erstere sind demnach auch die massgebenden Faktoren für die Charakterisirung der äusseren Erscheinungen des Siedens, wie ja auch die Erfahrung zeigt. Die ausserdem noch zugeführte Wärme trägt nicht zur Erhöhung der Temperatur der siedenden Flüssigkeit bei, sondern dient nur dazu, den äusseren Druck zu überwinden.

Man kann diesen Sachverhalt auch in Dühring'scher Manier dahin aussprechen, dass ein Sieden der Flüssigkeit nur dann eintreten kann, wenn durch stärkere Wärmezufuhr eine Mehr- oder Ueberspannung erzeugt wird, durch welche die Cohäsion der einzelnen Moleküle und Atome überwunden wird. Allein dieser von Dühring behufs mechanischer Begründung des Siedens aus der technischen Mechanik in die Wärmetheorie eingeführte Begriff giebt im Grunde genommen doch keine richtige Erklärung und Vorstellung von der Mechanik des Siedens; dies ist meiner Ansicht nach nur dadurch möglich, dass man die Trennung der einzelnen Moleküle von der Flüssigkeit beim Sieden nach obiger Anschauung auf die mechanische Wirkung der Wärmestrahlen zurückführt.

Ganz in derselben Weise lässt sich auch das Schmelzen starrer Stoffe so erklären, dass die zum Schmelzen erforderliche Wärme die Kraft, mit welcher die Moleküle aneinander haften, überwindet und dadurch den flüssigen Aggregatzustand bewirkt. Es liegt demnach der Schluss nahe, dass die Schmelzwärme verschiedener Stoffe durch dasselbe Gesetz wie die Verdampfungswärme dargestellt wird und in dieser Formel nur die einzige darin vorkommende Konstante einen anderen Zahlenwerth annimmt. Diese Folgerung der Theorie wird durch die vorhandenen Beobachtungen bestätigt, wie die nachstehende Tabelle zeigt.

$$H_2O,\ 80 = \frac{0{,}0103 \, . \, 373^2}{18 \, . \, 1}, \quad q = \frac{a \, . \, J^2}{M \, . \, W}, \quad a = 0{,}01.$$

Stoffe	M = A . N_2	J	q	W	q nach Dühring
Blei	206	598	2,96	5,86	
Brom	79,8	266	0,547	16,2	
Cadmium	112 × n	594	2,3/n	13.7	
Gusseisen weis grau	56	?		33	
Gallium	67,9	286	0,613	19.1	
Jod	126 . 5 × 2	387	0,506	11,8	
Palladium	106 . 35	—	—	36.3	
Phosphor	30,96 × 4	317	1,62	5,03	1,927
Platin	194,3 × n	2052	7,967/n	27,2	
Quecksilber	99,8	233	1,996	1,42 (2,82)	1,98
Schwefel	31 98 × 2	388	2,510	9.37	2,92
Silber	107,66 × n	1272	4,48/n	21,1	
Wismuth	208 . 98	540	1,11	12,6	
Zink	65,1 × n	688	1,9084/n	28,13 ?	
Zinn	118,8 × n	503	1,53/n	13.9	
Cl	35,37	180	0,627	14,6	
HCl	36,37	161	0,608	11,7	
CO_2	44 × n	194	0,522	11,57/n	
HBr	80,3	186	0,604	7,09	
H_2S	33,98	188	0,740	13,86	

Die Formel, nach welcher die vorstehende Tabelle berechnet worden ist, lautet

$$W = \frac{a \, . \, T^2}{M\,q} \quad \text{oder} \quad q = \frac{a\,T^2}{M\,W},$$

worin W die Schmelzwärme, M = A . n das Molekulargewicht, T die absolute Schmelztemperatur und a = 0,01 eine Konstante ist. Der Werth von a ist aus den für Wasser bekannten Grössen W = 80, q = 1, M = 18, T = 373 gleich 0,01 gefunden worden. Die von mir berechneten spezifischen Schmelzfaktoren stimmen, soweit

Beobachtungswerthe vorliegen, mit den entsprechenden spezifischen Siedefaktoren Dührings gut überein, wie die Zahlenwerthe für Phosphor, Quecksilber und Schwefel deutlich beweisen. Zur weiteren Prüfung des Gesetzes ist es erforderlich, die Schmelzwärme der typischen chemischen Verbindungen H_2S, HCl, CO, CO_2, HBr, NO, NO_2, CCl_4, $SiCl_2$, NH_3 etc. genau zu bestimmen. Aus den für die Metallchloride und für Metalllegierungen vorhandenen Beobachtungen folgt, dass auch für den spezifischen Schmelzfaktor bei Verbindungen die Beziehung $q = \frac{m\,a + n\,b}{m + n}$ besteht, worin a und b die spezifischen Faktoren der in der Verbindung enthaltenen Radikale und die Zahlen m und n angegeben, wie oft jedes Radikal darin enthalten ist.

Es mag hier nicht unerwähnt bleiben, dass Dühring in der soeben angeführten zweiten Folge der Grundgesetze der Physik nnd Chemie im Anschluss an das Gesetz über die Verdampfungswärmen eine gesetzliche Beziehung zwischen der Schmelz- und Verdampfungswärme aufzustellen gesucht hat. Dühring lässt den spezifischen Faktor q sich ändern, so dass für jede Substanz durch die Beobachtung ein besonderer spezifischer Schmelzfaktor bestimmt werden muss, während dies nach dem von mir aufgestellten Gesetz der Schmelzwärme nicht erforderlich ist. Von einem Gesetz der Verbrennungs- oder Dissociationswärme findet sich jedoch bei Dühring noch keine Andeutung, wie hier hervorgehoben wird, um etwaigen Prioritätsansprüchen von vornherein die Spitze abzubrechen. Zur Vergleichung des von Dühring und des von mir aufgestellten Gesetzes über die korrespondirenden Schmelzwärmen lasse ich das, was Dühring hierüber bis jetzt gebracht hat, hier wörtlich folgen:

„Die Einführung des spezifischen Faktors in die Clapeyron'sche Formel hat aber auch theoretisch interessante Konsequenzen, sie führt nämlich zur Erkenntniss der Abhängigkeit jenes Quotienten vom Aggregatzustande.

Wenn ein fester Körper, z. B. Eis in den gasförmigen Aggregatzustand übergeht, so ist die bei diesem Vorgang verbrauchte Wärmemenge gleich der Summe aus seiner Schmelzwärme und der Verdampfungswärme für den flüssigen Zustand; denn es macht für die zur Verdampfung erforderliche Wärmemenge keinen Unterschied, ob ein Körper zuerst schmilzt und nachher zu Dampf wird, oder ob der Uebergang aus dem festen in den gasförmigen Zustand ohne die Vermittelung des flüssigen Zwischenzustandes erfolgt. Die Clapeyron'sche Formel findet nun auch auf diese letztere Art von Zustandsänderung Anwendung, und der spezifische Faktor muss daher beim Gefrierpunkte einer Flüssigkeit nach demselben Verhältniss kleiner werden, in welchem die Verdampfungswärme durch Festwerden der verdampfenden Substanz grösser wird. Ohne eine derartige Aenderung des spezifischen Faktors würde die Clapeyron'sche Formel nicht bestehen können, da die in ihr enthaltenen Grössen E, V, p, t und die Form der Funktion φ sich beim Gefrieren gar nicht ändern und λ eine nur ganz unerhebliche Vergrösserung oder Verkleinerung erfährt, folglich die Aenderung von λ ausschliesslich auf die Aenderung von q zurückzuführen ist. Es ist z. B. die Verdampfungswärme des Wassers beim Eispunkt 606,5 Calorien, die Schmelzwärme des Eises 79,25 Calorien, seine Verdampfungswärme also 686,75 Calorien. Der specifische Faktor des Eises verhält sich zu dem des Wassers demgemäss wie 606,5 : 686,75 oder wie 0,8817 : 1. Wenn man ihn auf Quecksilber oder auf Terpentinöl als Einheit bezöge, so würde er 0,4408 beziehungsweise 0,6635 betragen. Zu einer experimentellen Bestätigung dieser Berechnungen fehlt es bis jetzt an hinreichend genauen Daten."

Wie aus dieser Darlegung hervorgeht, hat Dühring gar nicht daran gedacht, den Schmelzvorgang für sich allein zu betrachten und das dafür geltende Gesetz aufzustellen. Ich überlasse es dem Urtheile der Physiker und Chemiker, zu entscheiden, welche Formel den Vorzug verdient.

Das Ohm'sche Gesetz nach der Vibrations-Theorie.

In der „elementaren Physik des Aethers" und in den ersten Kapiteln dieses Buches wurde versucht, die elektrischen Erscheinungen und Vorgänge auf Grund der Vibrationstheorie gesetzmässig zu erklären. Sollen jedoch die auf diesem Wege gefundenen Resultate stichhaltig sein, so müssen dieselben mit dem Ohm'schen Gesetze im Einklang stehen, bezüglich über Sinn und Gehalt desselben neue Aufschlüsse bringen. Dies von G. S. Ohm (1826) aufgestellte Gesetz besagt, dass die Stromintensität der Summe aller in der Kette wirksamen elektromotorischen Kräfte direkt, der Summe aller Leitungswiderstände aber umgekehrt proportional ist. Wird die Stromintensität mit J, die elektromotorische Kraft der Kette mit E, der Gesammtwiderstand mit W bezeichnet, so wird das Gesetz durch die Formel ausgedrückt,

$$1.\quad J = \frac{E}{W} \quad \text{oder} \quad 2.\ E = W \,.\, J,$$

d. h. die Summe der wirksamen elektromotorischen Kräfte ist dem Gesammtwiderstand und der Stromintensität direkt proportional. Das Ohm'sche Gesetz giebt also die Beziehung an, welche nach den Erfahrungsthatsachen zwischen den Grössen E, W und J besteht, ganz gleichgültig, auf welche Weise die elektromotorische Kraft erzeugt wird.

Die Entstehung der elektromotorischen Kraft ist von mir bereits auf Grund der Vibrationstheorie in „Physik des Aethers“ Th. II, S. 1 u. ff. für ein Thermoelement aus Wismuth und Kupfer auf folgende Weise erklärt worden.

Durch die Erwärmung nimmt die Löthstelle b eine ganz bestimmte Menge undulirender Wellen auf, welche entsprechend den brechenden Kräften der das Thermoelement bildenden Metalle Wismuth und Kupfer von b aus im Wismuth nach a und auch im Kupfer über c nach a fortgeleitet werden. Nun ist aber, wie in „Physik des Aethers Th. I, S. 41 abgeleitet worden ist,

$$3)\quad L : L_1 = n^2 - 1 : n_1 - 1,$$

oder in Worten „das Leitungsvermögen ist der brechenden Kraft direkt proportional.“ Folglich muss, da die brechende Kraft der beiden fraglichen Metalle eine verschiedene ist, der Vibrationsstrom, den das besser leitende Metall durchlässt, grösser als der des schlechter leitenden Metalles sein; also ist der Thermostrom um so grösser, je grösser die brechende Kraft des Kupfers im Verhältniss zu derjenigen des Wismuths ist, d. h. derselbe ist der brechenden Kraft des Kupfers direkt und derjenigen des Wismuths umgekehrt proportional. Indessen wird durch die beiden in a zusammentreffenden, entgegengesetzt gerichteten Vibrationsstrome die Löthstelle a ebenfalls erwärmt und ein dem ursprünglichen entgegengesetzt gerichteter Thermostrom erzeugt und damit schliesslich ein elektrischer Strom infolge mangelnden Gefälles unmöglich. Um dies zu verhüten, muss eben die zweite Löthstelle bei a abgekühlt und auf einer konstanten Temperturhöhe erhalten werden.

Bildet man nun Thermosäulen aus verschiedenen Metallstäben gleichen Querschnitts und gleicher Länge und hält die Löthstelle b auf 100°, die Löthstelle a auf 0°, so müssen die elektromotorischen Kräfte alle derselben Funktion der Temperatur, also f (t), und den Leitungsfähigkeiten oder brechenden Kräften direkt proportional sein. Wählt man bei allen Säulen zu dem einen Metall Silber, so erhält man hiernach zum Beispiel bei den Säulen aus Wismuth und Kupfer gegen Silber folgendes Verhältniss:

$$EAgBi : EAgCu = \frac{LAg}{LBi} : \frac{LAg}{LCu}.$$

Da nun $\frac{LAg}{LCu}$ für 100° gleich $\frac{71,56}{72,30} = 1$ ist, so erhält man, wenn man entsprechend auch für die elektromotorischen Kräfte diejenige der Säule EAg Cu als Maasseinheit wählt,

$$EAgBi = \frac{LAg}{LBi}. \quad \text{Ebenso folgt } EAgK = \frac{LAg}{LK}.$$

$$EAgCo = \frac{LAg}{LCo}, \quad EAgNi = \frac{LAg}{LNi}, \tag{4}$$

$$EAgPd = \frac{LAg}{LPd} \text{ u. s. w.}$$

Die Richtigkeit dieser Gleichungen wird durch die in der folgenden Tabelle zusammengestellten Beobachtungen nachgewiesen.

Name der Metalle	Die thermoelektromotorischen Kräfte (Wiedemann.)	Quotienten aus dem Leitungsvermögen bei 100 gr gegen Silber.
Bi (käuflich gepresster Draht)	35,81	71,56/1,9 = 37,6
Bi (rein)	32,91	
Bi-Krystall (axal)	24,59	
Bi-Krystall (äquatorial)	17,17	
Co No. 1 (gepresst)	8,98	71,56/8 = 9,94
K (in Röhren gegossen)	5,49	71,56/10 = 7,156
Ni (eisenhaltig)	5,02	61,56/12 = 6
Co. No. 2	3,75	— —
Pd (hart)	3,56	— —
Na (in Röhren gegossen)	3,09	71,56/16 = 4,4
Al (Al 91,77; Li 2,34; Fe 5,89)	1,28	71,56/40 = 1,79
Cu No. 1 (käufl., weich. Draht)	1,00	71,46/72,3 = 1
Cu No. 2.	0,92	
Au (rein, hartgezog. Draht)	0,61	56,36/71,56 = 0,83
In (rei, gepresster Draht)	0,21	21,36/71,56 = 0,299
Cd (Blech, rein)	0,33	16,2/71,56 = 0,22

Aus den Gleichungen (4) folgt, dass EAgBi . LBi = LAg = EAgK . LK = EAgCo . LCo = EAgNi . LNi = EAgPd . LPd = u. s. w. = Const. ist.

Diese Gleichung stimmt mit einer ganz gleichen, aus dem Ohm'schen Gesetz sich ergebenden Schlussfolgerung überein. Nach Gleichung (2) erhält man für gleiche Stromstärke und Leiter von gleichem Querschnitt und gleicher Länge

$$J = \frac{EBi}{WBi} = \frac{EK}{WK} = \frac{ECo}{WCo} \text{ u. s. w.} = \text{Const.}$$

Da aber bei gleicher Länge und gleichem Querschnitt der Widerstand dem specifischen Leitungsvermögen umgekehrt proportional ist, so folgt

EBiLBi = EK . LK = ECo . LCo = u. s. w. = Const.

Da die Vibrationstheorie zu denselben Schlussfolgerungen wie das Ohm'sche Gesetz führt, bezüglich das letztere sich daraus ergiebt, so kann man auch das Ohm'sche Gesetz an der Hand dieser Theorie mechanisch zu deuten unternehmen, ohne befürchten zu müssen, dass man auf Widersprüche mit den allgemeinen Grundgesetzen der Kraftbethätigung stossen wird. Zu diesem Zwecke gehe ich auf die Gleichung (2) E = W . J. zurück.

Aus der Vibrationstheorie, nach welcher die thermischen, optischen und elektrischen Erscheinungen durch die Transversalwellen des Aethers bedingt werden, folgt, dass der Quotient aus den Brechungsexponenten n_i, n_r beim Uebergang der Wellen aus dem Medium i in das Medium r das umgekehrte Verhältniss der Fortpflanzungsgeschwindigkeiten der Aetherwellen im ersten und zweiten Medium angiebt. Bezeichnet man demnach die Geschwindigkeit der Aetherwellen in dem ersten Medium mit c_i und in dem zweiten mit c_r, so besteht die Gleichung

$$5) \quad \frac{c_i}{c_r} = \frac{n_r}{n_i} .$$

Dass für die Fortpflanzungsgeshwindigkeiten der Licht- und Wärmestrahlen diese Formel in der That gilt, hat Foucault im Jahre 1854 durch seine bekannten Versuche über die Fortpflanzung jener Wellen in Luft und Wasser nachgewiesen, während für die elektrischen Schwingungen sich dies aus den Versuchen von Feddersen, Paalzow und Miesler sowie von Kundt,

Drude u. A. ergiebt. Nun ist aber nach Gleichung (3)

$$L_i : L_r = n_i^2 - 1 : n_r^2 - 1,$$

$$\text{also 6)} \quad \frac{Lr - Li}{Lr} = \frac{(n_r^2 - 1) - (n_i^2 - 1),}{n_r^2 - 1},$$

während aus Gleichung (5) $\frac{c_i^2}{c_r^2} = \frac{n_r^2}{n_i^2}$

oder

$$7) \quad \frac{c_i^2 - c_r^2}{c_r^2} = \frac{n_r^2 - n_i^2}{n_r^2} = \frac{(n_r^2 - 1) - (n_i^2 - 1)}{(n_r^2 - 1) + 1}$$

folgt.

Nach Gleichung (6) kann man aber in Gleichung (7) für $(n_r^2 - 1)$ und $n_i^2 - 1$ ohne weiteres Lr und Li einsetzen; man erhält also

$$(8) \quad \frac{Ci^2 - Cr^2}{Ci^2} = \frac{Lr - Li}{Lr + 1}$$

Wählt man nun Ci als Maasseinheit für die Fortpflanzungsgeschwindigkeit in den Stoffen und demnach nothgedruugen auch Li als Maaseinheit für das Leitungsvermögen, so folgt aus (8)

$$(9) \quad 1 - Cr^2 = \frac{Lr - 1}{Lr + 1}$$

$$\text{oder (10)} \quad \frac{1}{Lr + 1} = \frac{Cr^2}{2}$$

Da Lr das specifische Leitungsvermögen ist, so kann man dafür setzen $\frac{1}{Wr}$, erhält also die Gleichung

$$\frac{1}{\frac{1}{Wr} + 1} = \frac{Cr^2}{2}$$

$$\text{oder } 1 = \frac{Cr^2}{2} + \frac{Cr^2}{2} \cdot \frac{1}{Wr}$$

$$\frac{1}{Wr} = \frac{2}{Cr^2} - 1 = \frac{2}{Cr^2} - \frac{2}{(\sqrt{2})^2}.$$

$$\frac{1}{Wr \cdot 2} = \frac{(\sqrt{2}) - Cr^2}{Cr^2 \; (\sqrt{2})^2}$$

$$\text{oder (10)} \quad W = \frac{\frac{Cr^2}{2} \cdot (\sqrt{2})^2}{(\sqrt{2})^2 - Cr^2} = \frac{Cr^2}{2} \; \frac{1}{1 - \left(\frac{Cr}{\sqrt{2}}\right)^2}.$$

Nimmt man an, dass das Medium i die Luft und das Medium r ein beliebiger Leiter ist, so ist Cr ein sehr kleiner echter Bruch; man kann daher in diesem Falle einfacher setzen

$$(11)\quad W = \frac{Cr^2}{2}.$$

Aus den Gleichungen (10) und (11) folgt, dass der Widerstand die Dimension einer Geschwindigkeit besitzt, wie aus den bekannten Dimensionsformeln schon längst ermittelt worden ist, ohne dass man jedoch dafür bisher irgend eine stichhaltige Erklärung zu geben vermochte. Führt man den Werth von W aus (11) in die Gleichung (2) ein, so folgt

$$(12)\quad E = W.\,J = \frac{Cr^2}{2}.\,J.$$

Setzt man J, die Stromstärke gleich 1, so folgt die Definitionszeichnung $E = W = \frac{Cr^2}{2}$, d. h. der specifische Widerstand ist nichts anderes als die lebendige Kraft der Stromstärke 1 und der diesen Widerstand erzeugenden elektromotorischen Kraft E gleich. Die Gleichung (12) gilt für Leiter von dem Querschnitt q = 1 und der Länge l = 1.

Die Form der Gleichung (12) ist in der Mechanik allgemein als Arbeitsgleichung bekannt und besagt nichts anderes, dass die verbrauchte Arbeit E gleich der erzeugten lebendigen Kraft $\frac{Cr^2}{2} \cdot J$ ist; man drückt diesen Sachverhalt in der Mechanik durch die Formel aus

$$ph = mgh = \frac{1}{2}\,mv^2,$$

d. h. Fallhöhe mal dem Gewicht oder verbrauchte Arbeit ist gleich dem Product aus der beeinflussten Masse in das halbe Geschwindigkeitsquadrat oder gleich der erhaltenen lebendigen Kraft. Setzt man aus (10) den Werth für Wr direkt in Geichung (2) ein, so folgt

$$(13)\quad E = \frac{Cr^2}{2} \cdot \frac{1}{1-\left(\frac{Cr}{\sqrt{2}}\right)^2}\,J.$$

oder, wenn man für Luft rückwärts wieder Ci einführt,

$$(14)\quad E\,(\sqrt{2}\,.\,Ci)^2 - Cr^2 = \frac{Cr^2}{2}\,.\,J,$$

$$\text{bezw.}\quad (15)\quad E\,(c^2 - Cr^2) = \frac{Cr^2}{2}\,.\,J,$$

da $\sqrt{2}\ Ci = c$, der Weberschen Constantt ist. Zu denselben Gleichungen gelangt man mit Hülfe der bekannten Clausius'schen Gleichung über das Strahlungsvermögen der Aetherschwingungen $c_i\,C_i{}^2 = c_r\,.\,C_r{}^2$, worauf hier kurz hingewiesen sein mag.

Nach den vorstehenden Auseinandersetzungen stellt also das Ohm'sche Gesetz nichts anderes als die bekannte Arbeitsgleichung dar; es fügt sich somit, wenn man die elektrischen Vorgänge durchweg an der Hand der Vibrationstheorie untersucht, das ganze Gebiet zwanglos in den Rahmen der allgemeinen Grundgesetze der Mechanik ein. Es dürfte daher endlich an der Zeit sein, die alte Fluidaltheorie ganz aus der Elektricitätslehre auszumerzen, zumal da dadurch die Grundgesetze an Klarheit und Durchsichtigkeit erheblich gewinnen.

Anhang.

Da mein Werk „Die Fortpflanzungsgeschwindigkeit der Schwerkraftstrahlen und deren Wirkungsgesetze“ schon mehrfach in Zeitschriften in nicht streng sachgemässer Weise besprochen und die von mir eingesandte Entgegnung nicht aufgenommen wurde, wie beispielsweise von der Redaktion der „Naturwissenschaftlichen Rundschau“ (Dr. Slarek), so möchte ich nachstehende Bemerkungen für die Leser meiner Schriften hier anfügen.

Die von mir gegebene Lösung des Gravitationsproblemes dürfte nicht nur allgemeines Interesse haben, sondern gehört in den Rahmen der in der vorliegenden Brochüre besprochenen Fragen, da der eingeschlagene Gedankengang genau derselbe wie der von mir in der elektrischen Wellentheorie befolgte ist. Bezüglich der ironischen Wendungen in anonymen und nicht anonymen Besprechungen jener Abhandlung verweise ich ein für alle Mal auf folgende Zeilen in der Vorrede zur „Elementaren Physik des Aethers“ S. IX. „Meine Lösung stimmt ja mit den Aether- oder Atomstosstheorien dem Kerne nach überein, von denen sie sich nur dadurch unterscheidet, dass sie konsequent Bezug nimmt auf die physikalisch-mechanische Wirkung der Wärme, wie diese durch Crookes experimentell glänzend nachgewiesen ist. Der von mir gemachte Erklärungsversuch der allgemeinen Massenanziehung kann ja vielleicht auf einem Irrthum beruhen, und ich werde, sobald mir dies durch klare, sachliche Gründe nachgewiesen wird, sofort bereit sein, meinen Irrthum einzugestehen, niemals jedoch apodiktischen Erklärungen, dass die gelieferte Lösung absurd sei — um nicht einen schlimmeren Ausdruck zu gebrauchen, — irgend ein Gewicht einräumen, am allerwenigsten aber, wenn dieselben ohne Gründe abgegeben werden. Ich habe den Muth meiner persönlichen Ueberzeugung und hege andererseits auch das Vertrauen, dass jeder Kritiker, der irgend eine wissenschaftliche Arbeit beurtheilt, sich moralisch verpflichtet fühlt, nicht nur für zustimmende, sondern in noch viel höherem Maasse für absprechende Urtheile vollwichtige Gründe anzuführen. Fast in allen Fällen, wo ein Kritiker dieser Anstandspflicht nicht genügt, kann man demselben mit Fug und Recht die Worte des Marcellus im Hamlet zurufen: „Etwas ist faul im Staate Dänemark." Statt im Sinne eines solchen Kritikers, vorausgesetzt natürlich, dass derselbe keine Phantomarbeit geliefert hat, weise und gescheut zu sein, ziehe ich vor, mit Huyghens und den übrigen Forschern, welche eine mechanische Erklärung der Gravitationserscheinungen versucht haben, zu irren."

In sachlicher Beziehung bemerke ich, dass die ins Feld geführten mathematisch-astronomischen Resultate von von Oppolzer, Lehmann-Filhès, J. v. Hepperger, Oppenheim, Levy zwischen so weiten Grenzen schwanken, dass ein geschulter Physiker oder Astronom diese Rechnungsergebnisse nicht als vollgiltiges Beweismaterial gegen Zahlenwerte anführen kann, welche nach zwei verschiedenen rein physikalischen Methoden gefunden sind. Der anonyme Referent bemängelt, dass die von mir ermittelten Werte für die Fortpflanzungsgeschwindigkeit der Schwerkraftstrahlen zwischen so weiten Grenzen wie 280000000 m und 650000000 m schwanken, ohne zu bedenken, dass gerade bei den kleineren Planeten ein Teil der zu grunde gelegten Beobachtungen ziemlich unsicher ist. Das Verhältnis des grössten zum kleinsten Werte verhält sich wie 2,32 : 1, während der Mittelwert gleich der Lichtgeschwindigkeit ist. Dagegen weist der Herr auf die Rechnungsergebnisse der oben genannten Astronomen hin. Zu allgemeinem Nutzen und Frommen lasse ich hier diese Resultate nach P. Drude Wied. Ann. N. F. Bd. 62 folgen.

„Laplace schloss aus der Mondbewegung, dass die Gravitation mindestens 10 Millionen Mal schneller als das Licht sich fortpflanzen müsse.

In seinem Vortrage auf der Naturforscherversammlung in Salzburg schloss Th. v. Oppolzer, dass wegen der Unvollständigkeit der Mondtheorie dieselbe noch keinen Prüfstein für seine Untersuchungen über das Newtonsche Gesetz abgeben könne; eher sei dies aus den Störungen der Planetenbewegungen möglich.

Bei dem Rechnungsansatz von Lehmann-Filhès entsteht die Schwierigkeit, dass die absolute Bewegung der Sonne im Raume für die Beurteilung des Einflusses einer endlichen Fortpflanzungsgeschwindigkeit der Gravitation von Gewicht ist.

J. v. Hepperger gelangt zu dem Resultat, dass die Gravitation mindestens 500 mal schneller als das Licht sich fortpflanzen müsse. Oppenheim berechnet, dass die Fortpflanzungsgeschwindigkeit der Gravitation mindestens 12 Millionen Mal grösser als die Lichtgeschwindigkeit sein müsse.

Bei einer Kombination des Weber'schen und des Riemann'schen Gesetzes (beide entsprechen meiner Theorie) kann man, wie Levy gezeigt hat, aus der Annahme einer Geschwindigkeit gleich derjenigen des Lichtes die Bewegungsanomalie des Merkur berechnen, ohne bei den anderen Planeten mit der Beobachtung auf Widersprüche zu stossen."

Die Resultate schwanken also in dem Verhältnis von dem Einfachen bis zu dem 12Millionenfachen der Lichtgeschwindigkeit, und so von einander abweichende Ergebnisse wagt man gegen meine Beobachtungsergebnisse ins Feld zu führen.

Unter solchen Umständen will ich dem Herrn Referenten gern glauben, dass er meine Darlegungen nicht verstanden hat; meine Arbeiten kann man eben nicht ohne weiteres lesen, sondern muss sie, wie Professor Slaby mir sagte, studieren.

Rudolf Mewes.

Zeitfracht Medien GmbH
Ferdinand-Jühlke-Straße 7
99095 Erfurt, Deutschland
produktsicherheit@kolibri360.de